MIX
Papier aus verantwortungsvollen Quellen
Paper from responsible sources
FSC® C105338

Andreas Hermanns

Wohnen und Arbeiten im Dreiländereck (Maas-Rhein-Region)

Grenzüberschreitende Mobilität

Bachelor + Master
Publishing

Hermanns, Andreas: Wohnen und Arbeiten im Dreiländereck (Maas-Rhein-Region):
Grenzüberschreitende Mobilität, Hamburg, Bachelor + Master Publishing 2013
Originaltitel der Abschlussarbeit: Wohnen und Arbeiten im Dreiländereck
(Maas-Rhein-Region)-Grenzüberschreitende Mobilität

Buch-ISBN: 978-3-95549-336-3
PDF-eBook-ISBN: 978-3-95549-836-8
Druck/Herstellung: Bachelor + Master Publishing, Hamburg, 2013
Zugl. Universität zu Köln, Köln, Deutschland, Diplomarbeit, Oktober 2012

Bibliografische Information der Deutschen Nationalbibliothek:
Die Deutsche Nationalbibliothek verzeichnet diese Publikation in der Deutschen
Nationalbibliografie; detaillierte bibliografische Daten sind im Internet über
http://dnb.d-nb.de abrufbar.

Das Werk einschließlich aller seiner Teile ist urheberrechtlich geschützt. Jede Verwertung außerhalb der Grenzen des Urheberrechtsgesetzes ist ohne Zustimmung des Verlages unzulässig und strafbar. Dies gilt insbesondere für Vervielfältigungen, Übersetzungen, Mikroverfilmungen und die Einspeicherung und Bearbeitung in elektronischen Systemen.

Die Wiedergabe von Gebrauchsnamen, Handelsnamen, Warenbezeichnungen usw. in diesem Werk berechtigt auch ohne besondere Kennzeichnung nicht zu der Annahme, dass solche Namen im Sinne der Warenzeichen- und Markenschutz-Gesetzgebung als frei zu betrachten wären und daher von jedermann benutzt werden dürften.

Die Informationen in diesem Werk wurden mit Sorgfalt erarbeitet. Dennoch können Fehler nicht vollständig ausgeschlossen werden und die Diplomica Verlag GmbH, die Autoren oder Übersetzer übernehmen keine juristische Verantwortung oder irgendeine Haftung für evtl. verbliebene fehlerhafte Angaben und deren Folgen.

Alle Rechte vorbehalten

© Bachelor + Master Publishing, Imprint der Diplomica Verlag GmbH
Hermannstal 119k, 22119 Hamburg
http://www.diplomica-verlag.de, Hamburg 2013
Printed in Germany

Inhaltsverzeichnis

1. Einleitung und Relevanz	3
2. Intention und Zielsetzung...	6
3. Erklärungen zum Untersuchungsgebiet	9
4. Definitionen und Fachtermini	15
5. Erläuterungen zum Fragebogen	17
5.1 Angewandte Methodik	17
5.2 Befragte Personengruppen	19
5.3 Vorstellung des Fragebogens der Angestellten	20
5.4 Gewonnene Erkenntnisse	29
5.5 Auswertung des Fragebogens für die Studenten	30
6. Unterstützung der Grenzgänger durch die Städte Region, der IHK–Aachen und des Arbeitsamtes	37
7. Mediale Präsenz des Themas	40
8. Infrastrukturelle Gegebenheiten	41
9. Entstehung von Netzwerken	46
10. Der Immobilienmarkt	47
10.1 in Deutschland	47
10.2 in den Niederlanden	49
10.3 in Belgien	51

11. Die steuerliche Behandlung der Grenzgänger	56
12. Ein kurzer Exkurs ins deutsch-schweizerische Grenzgebiet	59
13. Ausblick und Resümee	62
14. Literaturverzeichnis	68
14.1 Internetliteratur	68
14.2 Abbildungsverzeichnis	73
14.3 Anhang	75

1. Einleitung und Relevanz

Die vorliegende Arbeit thematisiert das Grenzgängerverhalten in der Euregio Maas–Rhein. Die Idee, sich mit der grenzüberschreitenden Mobilität im Dreiländereck Deutschland, Belgien und den Niederlanden auseinanderzusetzen, entstand während eines Praktikums beim Amt für Stadt- und Verkehrsplanung der Stadt Aachen. Dort habe ich Einsicht in grenzüberschreitende Planungen, wie z.B. der Umgestaltung des deutsch-belgischen Grenzüberganges „Köpfchen" bekommen. Im Verlauf dieses Planungsprozesses bin ich auf die Aktivitäten der Grenzgänger gestoßen. Bisher gibt es über diesen Personenkreis nur wenige Erkenntnisse. Deshalb habe ich es zum Anlass genommen, dieses Thema meiner Diplomarbeit zu widmen.

In das Untersuchungsgebiet der Euregio Maas-Rhein fällt auf deutscher Seite die seit dem Jahr 2009 entstandene StädteRegion Aachen, auf niederländischer Seite die Provinz Limburg um das Oberzentrum Maastricht und die belgischen Gebiete Provinz Limburg, Provinz Lüttich sowie die Deutschsprachige Gemeinschaft mit dem Verwaltungszentrum Eupen. Die räumliche Darstellung ist der nachfolgenden Karte zu entnehmen.

Abb. 1

(Aachener Verkehrsverbund, Rev. 2011-10-05)

Mobilität und Flexibilität werden heute im Beruf von den meisten Arbeitnehmern erwartet, da die Arbeitswelt schnelllebiger geworden ist und ein Wechsel der Arbeitsstelle in regelmäßigen Abständen nicht außergewöhnlich ist. Anwohner von Grenzgebieten wohnen und arbeiten oftmals in verschiedenen Ländern, da der Arbeitsmarkt durch Arbeitsangebote aus dem nahe gelegenen Ausland bereichert wird.

Aufgrund des Wegfalls von aktiven Grenzkontrollen mit Inkrafttreten des Schengener Abkommens vom 26.03.1996 und dem damit einhergehendem Bedeutungsverlust der Nationalgrenzen der europäischen Mitgliedstaaten, sind die bis zu diesem Zeitpunkt starken wirtschaftlichen und kulturellen Verknüpfungen der Nationalstaaten der Bundesrepublik Deutschland und dem Königreich der Niederlande und Belgien weiter forciert worden. Der Anstieg der Grenzpendlerströme ist sicherlich ein Ausdruck und gleichzeitig Konsequenz der Öffnung der nationalstaatlichen Grenzen.

Da die Euregio Maas-Rhein mit den Oberzentren Aachen, Lüttich und Maastricht mit über 3,5 Millionen Bürgern und über 100.000 Wirtschaftsbetrieben auf einer Fläche des Großherzogtums Luxemburg über eine enorme Wirtschaftskraft verfügt, die so manches europäische Land übersteigt, versuchten die Verantwortlichen in Politik und Verwaltung ab dem Jahr 1976 die regionale Wirtschaft der oben genannten Länder sinnvoll und zukunftsweisend zu vernetzen (Stichting Euregio Maas-Rhein, 2012-07-03; a).

Dabei spielten erstmals die Hochschulen der drei Städte eine tragende Rolle, da man erkannte, dass sich durch die Hochschulen ein Synergieeffekt zwischen Praxis und Wissen ergibt. Erstmals wurde darüber diskutiert, Hochschule und Unternehmen mit hohem technologischem „Know-How" in unmittelbarer Nähe zueinander anzusiedeln. Die Firma Ericsson machte dabei im Jahr 1998 den ersten Schritt und gründete in Aachen ein Forschungszentrum mit 500 Ingenieuren (JENNING 2012, Rev. 03.01.2012).

Zurzeit gehen 90% der Firmengründungen in der Aachener Region auf Absolventen der RWTH Aachen zurück. Der neu entstehende RWTH Campus soll dazu beitragen, dass sich diese Entwicklung weiter fortsetzt (Bau- und Liegenschaftsbetrieb NRW 2008, 2012-07-19).

Durch die Öffnungen der Grenzen und der Arbeitsmärkte steigt seitdem kontinuierlich die Anzahl der grenzüberschreitenden Pendler jedes Jahr an. Pendelten im Jahr 2000 beispielsweise 4.559 Personen aus den Niederlanden nach Deutschland ein, so wuchs diese Anzahl der täglich „einpendelnden" Personen im Jahr 2005 auf 9.105. Dies entspricht einer Steigerung von 99,7 %. Noch stärker wuchs die Anzahl der täglich nach Deutschland „einpendelnden" Personen mit dem Ursprungsland Belgien. Dieser Pendlerstrom erfuhr eine Steigerung von 151,5 % in den Jahren zwischen 2000 und 2005 und lag schließlich im Jahr 2005 bei einer Personenanzahl von 5.398 (HEINING & MÖLLER 2009: 2-3).

Die Relevanz dieser empirischen Diplomarbeit wird zum einen durch den erhöhten Grenzpendlerstrom in der beschriebenen Region begründet und zum anderen an dem gesellschaftlichen wie auch dem wirtschaftlichen Interesse innerhalb Europas ohne zeitlichen Aufwand Grenzen überwinden zu können.

„Die Gruppe der Grenzpendler beschränkt sich nicht auf Ausländer. Unter den Grenzpendlern findet sich auch ein beachtlicher Anteil an Personen mit deutscher Staatsangehörigkeit, die in einem der Anrainerstaaten Deutschlands wohnen. Im Jahr 2005 besaßen 41,3 Prozent aller Grenzpendler die deutsche Staatsbürgerschaft." (HEINING & MÖLLER 2009, 3).

Viele Anwohner des Dreiländerecks pendeln für ihre Arbeitsstelle und ihren Wohnort zwischen den Ländern. Jedoch haben Grenzgänger und Pendler es auch trotz offener Grenzen noch mit zahlreichen mannigfaltigen Schwierigkeiten zu tun. Dies können triviale Probleme, wie das Erreichen des Arbeitsplatzes oder auch steuerliche Probleme, sein. Wie sich diese zahlreichen Probleme in der Praxis darstellen, wird in den folgenden Kapiteln dieser Diplomarbeit näher beschrieben und erläutert.

Es konnten zahlreiche Informationen und Hilfestellungen seitens der Stadt Aachen genutzt werden. Des Weiteren sind mir Anregungen zu der vorliegenden Arbeit durch meinen Betreuer Herrn Prof. Dr. Nipper gegeben worden.

2. Intention und Zielsetzung

Die Hauptintention der Arbeit liegt darin, zu erläutern, welche Beweggründe bei den Grenzpendlern für das beschriebene Grenzgängertum vorherrschen. Hierbei steht die Untersuchung von deutschen Staatsbürgern, die in Deutschland wohnen und zum Arbeiten oder Studieren täglich ins nahe Ausland pendeln oder deutschen Bürgern, die im Ausland, das heißt, in den Niederlanden oder Belgien wohnen und täglich zum Arbeiten nach Deutschland pendeln, im Vordergrund. Insbesondere der vermehrte Rückzug von Deutschen aus den Niederlanden, aber auch ein starker Zuzug von Niederländern nach Deutschland ist in letzter Zeit zu beobachten und lässt die Frage nach den Gründen für diese Entwicklung aufkommen. Das zeigt, dass es allgemein über explizite Kenntnisse dieser täglich pendelnden Gruppe deutscher Bürger mangelt. Da es keine aktuellen Untersuchungen oder Literatur diesbezüglich gibt, war es unerlässlich einen Fragebogen zu erstellen, der die möglichen Beweggründe der Grenzpendler abfragt.

Die Ergebnisse der Erhebung werden im Verlauf dieser Diplomarbeit vorgestellt. Diese Resultate und Aussagen werden unter anderem durch qualitative Interviews mit Experten gestützt.

Zu Beginn der Diplomarbeit wird in Kapitel 3 zunächst das untersuchte Grenzgebiet beschrieben, indem es geographisch umrissen wird. Des Weiteren werden Besonderheiten der Region vorgestellt, die das Grenzgängertum beeinflussen können. Anschließend wird auf verwandte Definitionen und Fachtermini, welche in der nachfolgenden Arbeit genutzt werden, eingegangen. Der zuvor erwähnte Fragebogen ist der Schwerpunkt und gleichzeitig die Grundlage der Diplomarbeit. Als Erhebungsmethode wurde die Methode der Befragung für diese empirische Arbeit zu Grunde gelegt. Die genaue Vorstellung, der Aufbau des Fragebogens und die daraus resultierenden Erkenntnisse werden in Kapitel 5 detailliert erläutert.

Mithilfe der empirischen Erhebung sollen primär nicht nur die Gründe für das Pendeln in Erfahrung gebracht werden, sondern auch analysiert werden, ob eventuelle Gemeinsamkeiten oder auch Unterschiede innerhalb der Gruppe der Grenzpendlern erkennbar sind. Gibt es z.B. einen Zusammenhang zwischen den befragten Probanden bezüglich des Bildungsabschlusses beziehungsweise des erzielten monatlichen Einkommens und der Entscheidung seinen Wohnort ins nahe Ausland zu verlegen?

Ein anschließendes Kapitel dieser Diplomarbeit behandelt die Frage, welche Unterstützung oder auch Hilfestellungen die Grenzgänger durch Behörden, wie z.b. durch die „IHK – Aachen" und durch das „Arbeitsamt", erfahren. Der tägliche Grenzübertritt birgt jedoch auch Erschwernisse, die sich unter anderem auf der bürokratischen Ebene widerspiegeln. Zu den Erschwernissen, die ein Grenzgänger bewältigen muss, gehören z.B. steuerliche Schwierigkeiten, die von außen betrachtet kompliziert erscheinen.

Im nächsten Punkt wird auf die mediale Präsenz des Themas näher eingegangen. Durch die geographische Lage des Untersuchungsgebietes im Dreiländereck Deutschland, Niederlande und Belgien gehört ein Grenzübertritt zum Erreichen des Arbeitsortes für viele Menschen in dieser Region zum Alltag. Um diesen Menschen Informationen und Neuerungen auf der steuerlichen und gesetzgebenden Ebene zu geben, nehmen sich die elektronischen Medien wie auch die Printmedien dieses Themas an.

Die Frage nach dem Entwicklungsstand der infrastrukturellen Gegebenheiten im untersuchten Grenzgebiet ist dahingehend von Bedeutung, weil das die eigentliche Voraussetzung für das Pendeln ist. Aufgrund dessen wird im 8. Kapitel auf den momentanen Stand der infrastrukturellen Umstände eingegangen und der aktuelle „Ist" Zustand der verkehrlichen Infrastruktur im Untersuchungsgebiet beschrieben.

Ebenso ist die Entstehung von Netzwerken und die hierdurch mögliche Hilfestellung für die Grenzgänger in der heutigen Zeit ein gewichtiger Faktor. Auf welche Netzwerke können Grenzpendler heut zu Tage zurückgreifen?

Ein weiterer Gesichtspunkt ergibt sich durch den Zuzug von deutschen Bürgern in das nahe Ausland. Wie entwickelt sich der Immobilienmarkt im untersuchten Gebiet der Euregio Maas-Rhein? Welche Tendenzen sind aus den gegebenen Fakten erkennbar? Bei diesem Gliederungspunkt wird ein Einblick in die Immobilienmärkte der StädteRegion Aachen, der niederländischen Grenzregion um Vaals und des belgischen Gebietes der Deutschsprachigen

Gemeinschaft gegeben. Diesbezüglich wird eine Prognose aufgestellt, wie sich das Grenzgängertum in Zukunft entwickeln wird.

Im 11. Kapitel wird auf die steuerliche Behandlung der Grenzgänger näher eingegangen. Für die betroffenen Personen ist beispielsweise die Problematik der Doppelbesteuerung nachwievor existent. In diesem Kapitel soll dokumentiert werden, ob die Grenzgänger in der Euregio Maas-Rhein den „normalen Arbeitnehmern" in steuerlichen Fragen gleichgestellt sind oder eine Benachteiligung erfahren.

Um neben dem Untersuchungsgebiet Gemeinsamkeiten und auch Unterschiede für Grenzgänger in anderen deutschen Regionen aufzuzeigen, wurde zu diesem Zweck in Kapitel 12 ein kurzer Exkurs ins deutsch-schweizerische Grenzgebiet unternommen.

Zum Schluss meiner Diplomarbeit wird ein Fazit beziehungsweise ein Resümee gezogen und ein Einblick in die zukünftigen Entwicklungen im Grenzgebiet des Dreiländerecks Deutschland, Belgien und den Niederlanden gegeben. Dieser Ausblick wird über die beschriebenen Themenbereiche, wie die des Grenzgängerstromes, der verkehrlichen Infrastruktur und der Entwicklungen auf dem Immobilienmarkt vorgenommen.

3. Erklärungen zum Untersuchungsgebiet

„Grenzen sind Narben der Geschichte, die vor allem den Grenzregionen in der Vergangenheit zahlreiche Nachteile gebracht haben." (Stichting Euregio Maas-Rhein, 2012-07-03,b).

In der Tat waren Grenzgebiete oft ein „Spielball der Nationen". Aufgrund von Kriegen in der ersten Hälfte des vergangenen Jahrhunderts wechselten einige Regionen mehrmals ihre staatliche Zugehörigkeit.

Als Beispiel lässt sich das heutige Gebiet der Deutschsprachigen Gemeinschaft in Belgien anführen. Diese zum Untersuchungsgebiet gehörige Region war nach dem Wiener Kongress im Jahr 1815 dem preußischen Staat zugesprochen worden. Nach Beendigung des ersten Weltkrieges wurde dieses Gebiet vom deutschen Kaiserreich dem belgischen Staatsgebiet als Ostkantone zugesprochen. Vom Jahr 1940 bis 1945 wurde die Region der Deutschsprachigen Gemeinschaft während der Zeit des zweiten Weltkrieges wieder von Deutschland annektiert. Seit den frühen 1960er Jahren ist die Region der Deutschsprachigen Gemeinschaft eine autonome Region innerhalb des belgischen Königreiches (HEUKEMES, N. 2010, 2012-08-14, b).

Dies sind Gründe, weshalb sich gerade in den Grenzregionen eine wirtschaftliche beziehungsweise verkehrliche infrastrukturelle Entwicklung und Konsolidierung schwer verankern konnte. Kriegerische Auseinandersetzungen in den Grenzgebieten sorgten zudem auch für die Schwächung der lokalen Wirtschaft und der Verkehrsinfrastruktur, da diese Gebiete Randzonen eines Staates waren.

Insgesamt waren die Grenzregionen in der Vergangenheit eher strukturschwach und zum Teil nur unzureichend erschlossen. Diese Voraussetzungen, welche eher als nachteilig zu werten sind, ließen die Bevölkerungszahl abnehmen. Heut zu Tage stellen die Grenzen innerhalb Europas „keine unüberwindbaren Barrieren mehr dar", sondern sind als Orte des „Durchgangs und des Austauschs" anzusehen. Dieser Austausch in einer Grenzregion geschieht jedoch nicht nur im wirtschaftlichen Hinblick, sondern ebenfalls auf der kulturellen Ebene. So ist es möglich, sich ohne großen Aufwand von Kontrollen frei über die Grenzen hinweg zu bewegen. Jedoch konnten sowohl die Öffnung der Grenzen und die Einführungen eines gemeinsamen Markts wirtschaftliche und soziale Diskrepanzen nicht vollständig überwinden. Ein

Lösungsansatz, welcher in den siebziger Jahren entwickelt wurde, sieht eine grenzübergreifende Zusammenarbeit vor und beinhaltet verschiedene Projekte. Mithilfe der grenzüberschreitenden Projekte soll eine „euregionale Entwicklung" angestoßen werden. Die Euregio Maas-Rhein wurde im Zuge einer Arbeitsgemeinschaft im Jahre 1976 gegründet und unterstützt bis heute grenzüberschreitende Projekte (Stichting Euregio Maas-Rhein, 2012-07-03, b).

Die Gesamteinwohnerzahl, für diese Diplomarbeit untersuchten Gebietes in den drei Staaten der europäischen Union, beträgt insgesamt ca. 3 880 000 Bürger.

Das Untersuchungsgebiet teilt sich auf in folgende Regionen beziehungsweise Provinzen. Die genaue Lage der Regionen, welche die Euregio Maas-Rhein bilden, ist der Abb.1 auf Seite vier zu entnehmen.

Provinz Limburg (B)

- Fläche: 2.422 km²
- Einwohner: 810.000

Provinz Lüttich (B)

- Fläche: 3.862 km²
- Einwohner: 963.000 (ohne Deutschsprachige Gemeinschaft)

Deutschsprachige Gemeinschaft (B):

- Fläche: 854 km²
- Einwohner: 71.000

Regio Aachen (D):

- Fläche: 3.535 km²
- Einwohner: 1.288.000

Südlicher Teil Provinz Limburg (NL):

- Fläche: 2.209 km²
- Einwohner: 748.000 Einwohner

(Aachener Verkehrsverbund, Rev. 05.10.2011)

Aachen befindet sich im Einzugsgebiet des Flusses Maas, zentral in der Euregio Maas-Rhein, am Fuß des linksrheinischen Schiefergebirges (Eifel) gelegen, welches sich südlich an die Aachener Stadtgrenze anschließt.

Abb. 2

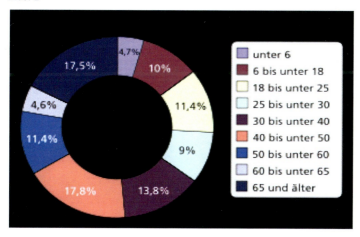

(Aachen Tourist Service e.V., 2012-06-04)

Durch die zahlreichen Bildungsangebote und als Forschungsstandort bindet die Stadt Aachen überdurchschnittlich viele junge Einwohner im Vergleich zu anderen deutschen Städten, welche nicht Standort einer Universität sind. Der genaue prozentuale Anteil der jeweiligen Altersschicht ist der obigen Abb. 2 zu entnehmen.

Einen großen Anteil dieser Bindungskraft an die Region geht auf die RWTH Aachen, die FH Aachen sowie auf die KFA Aachen/Jülich zurück. Alleine auf die RWTH Aachen entfallen ca. 36.000 eingeschriebene Studenten (Stand 2011), die das Erscheinungsbild der Stadt entscheidend mitgestalten und prägen (RWTH Aachen, Rev. 2011-09-07).

Die Stadt Aachen ist über ein ausgebautes Fernstraßennetz und über Bundesautobahnen gut zu erreichen. So verfügt die Aachener Region über Anschlüsse an die Autobahnen (A 4, A 44 und A 544) sowie an das Bundesfernstraßennetz. Ebenfalls besteht ein guter Anschluss an das Schienennetz der Deutschen Bahn. Der Aachener Bahnhof wird neben Regionalbahnen auch von Fernverkehrszügen der Deutschen Bahn und der Gesellschaft Thalys International angefahren. So besteht eine Verbindung nach Köln durch einen ICE und durch den Thalys eine Verbindung in Richtung Brüssel/Paris.

„Die StädteRegion Aachen ist ein Kommunalverband, der in Deutschland seinesgleichen sucht. Geographisch liegt die StädteRegion Aachen im Südwesten Nordrhein-Westfalens. Der Verwaltungssitz der StädteRegion ist die Stadt Aachen. Die StädteRegion ist seit dem 21. Oktober 2009 Rechtsnachfolger des Kreises Aachen, der aufgelöst wurde und dessen ehemalige Gemeinden mit der kreisfreien Stadt Aachen die neue StädteRegion bilden." (Der Städteregionsrat 2012, 2012-06-04).

Lüttich ist das kulturelle Zentrum der Wallonischen Region Belgiens und Hauptstadt der gleichnamigen Provinz. Das Lütticher Becken zählt mit seinen Vorstädten ca. 960.000 Einwohner. In der Stadt befindet sich neben einer Universität, welche stark mit der RWTH-Aachen kooperiert, zahlreiche Bildungseinrichtungen (Der Städteregionsrat 2012, 2012-06-04).

Lüttich ist eine Wiege der kontinentaleuropäischen Kohle- und Stahlindustrie und vollzieht, vergleichbar mit Aachen, in den letzten Jahrzehnten eine starke strukturelle und wirtschaftliche Veränderung. Von hier aus begann die Industriealisierung auf dem europäischen Festland. Mit dem Zusammenbruch des Kohlebergbaus und der anschließenden Stahlkrise im Lütticher Becken geriet die Region in große finanzielle Schwierigkeiten und sieht sich nachwievor mit einer hartnäckig hohen Arbeitslosigkeit konfrontiert (Liége Expo 2017 o. Datum, 2012-10-03).

„Am 1. Januar 2008 zählte die Deutschsprachige Gemeinschaft (DG) 74.169 Personen, von denen rund 60 Prozent im Kanton Eupen wohnten. Auf dem Gebiet der DG leben damit 0,7 Prozent der Bevölkerung Belgiens." (HEUKEMES, N. 2009, 15, a).

Holländisch Limburg galt in der Vergangenheit als die niederländische Steinkohleregion. Von den zahlreichen stillgelegten Steinkohlegruben blieben bis zum heutigen Zeitpunkt lediglich die Spitzkegelhalden als offensichtliches Zeugnis der vergangenen Industriekultur im niederländischen Grenzgebiet erhalten. Diese Spitzkegelhalden, die aus nicht benötigtem Abraummaterial der Steinkohleförderung bestehen, sind ebenfalls im deutschen Grenzgebiet bei Würselen, Merkstein und Alsdorf sichtbar. Die Region Limburg unterscheidet sich schon aufgrund der römisch-katholisch geprägten Religionszugehörigkeit von den protestantischen Niederlanden (Vermeer, A. 2005, 2012-06-12).

Alle in dieser Diplomarbeit behandelten Regionen (StädteRegion Aachen, belgisch und niederländisch Limburg, Deutschsprachige Gemeinschaft und Provinz Lüttich) haben gemeinsam, dass sie in der Vergangenheit stark durch die Kohle- und Stahlindustrie geprägt waren und seit einigen Jahrzehnten starken wirtschaftlichen Veränderungen unterworfen sind.

Es gibt Gebiete, wie z.B. in Holländisch Limburg oder der StädteRegion Aachen, wo diese Entwicklungen der wirtschaftlichen Umstrukturierung weiter und erfolgreicher gediehen sind als in anderen Regionen im Untersuchungsgebiet, wie z.B. der Region um Lüttich.

Diese Erkenntnis lässt sich auch an der Arbeitslosenquote in den verschiedenen nationalen Territorien der Euregio Maas-Rhein festmachen. Die Arbeitslosenquote liegt in der StädteRegion Aachen nach den neuesten Zahlen von Juni 2012 bei 8,1 % der Erwerbstätigen.

„Durch den leichten Rückgang der Arbeitslosigkeit bleibt die Arbeitslosenquote für den gesamten Agenturbezirk stabil bei 8,1 Prozent. Im Jahresvergleich ist die Arbeitslosenquote um 0,4 Prozentpunkte gefallen." (Bundesagentur für Arbeit 2012, 2012-09-15,c).

Anders verhalten sich die Arbeitslosenzahlen im für diese Diplomarbeit betrachteten Gebiet Belgiens. Dort lassen sich zwei regionale Unterschiede ausmachen. Durch die engen wirtschaftlichen Verbindungen der Deutschsprachigen Gemeinschaft einhergehend mit dem täglichen Pendeln belgischer Arbeitnehmer auf deutsches Territorium, liegt die Arbeitslosenquote im Gebiet um Eupen im März 2012 bei 7,9 %.

Wie obig dokumentiert, ist das Gebiet des Lütticher Beckens eine alte Montanregion, die seit der Schließung der Steinkohleminen und durch den Rückgang der Arbeitnehmer in der Stahlproduktion mit erheblichen strukturellen Problemen zu kämpfen hat. Diese Probleme schlagen sich auch in den Arbeitslosenzahlen für die Region Lüttich nieder. Die Arbeitslosenquote der Erwerbstätigen in Lüttich und seinem Umland lag im März 2012 bei rund 15,6 %. Das ist die mit Abstand höchste Arbeitslosenquote des Untersuchungsgebietes (Bundesagentur für Arbeit- Zentrale Auslands- und Fachvermittlung 2012, 2012-07-19, d).

Im niederländischen Untersuchungsgebiet Zuid-Limburg lag nach aktuellsten Zahlen von Ende 2011 die Arbeitslosenquote bei 7,9 %. Im Vergleich zu den gesamten Niederlanden ist diese Zahl relativ hoch, da in den Niederlanden Ende 2011 die Arbeitslosenquote bei 6,7 % lag. „Die Prognosen für 2012 sind mit einer gewissen Unsicherheit behaftet, weil nicht abzusehen ist, wie sich die Schuldenkrise entwickeln wird. Den Erwartungen zufolge soll 2012 die Arbeitslosigkeit in Limburg um etwa 16 % … steigen." (Europäische Kommission 2012, Rev. 2012-04).

4. Definitionen und Fachtermini

Im Folgenden werden die in der Arbeit verwendeten Fachtermini und die daraus resultierenden Zusammenhänge erläutert und beschrieben, um ein Verständnis seitens des Lesers zu gewährleisten.

Einen „Grenzgänger" definiert man wie folgt:
„Nach dem EG-Vertrag haben Privatpersonen das Recht, sich im Zusammenhang mit der Aufnahme oder zur Ausübung einer Beschäftigung in andere EU-Mitgliedstaaten zu begeben, ohne in Bezug auf Beschäftigung, Entlohnung und sonstige Arbeitsbedingungen diskriminiert zu werden. Grenzgänger sind Personen, die in einem Mitgliedstaat arbeiten, ihren Wohnsitz jedoch in einem anderen Mitgliedstaat haben. Die genaue Definition des Begriffs "Grenzgänger" kann aber z.B. unter steuer-, niederlassungs- und sozialrechtlichen Aspekten unterschiedlich sein." (Europäische Kommission 2012, Rev. 2012-07-25, b).

„Nach dem Gemeinschaftsrecht bezeichnet der Begriff "Grenzgänger" jeden Arbeitnehmer, der im Gebiet eines Mitgliedstaats beschäftigt ist und im Gebiet eines anderen Mitgliedstaats wohnt (politisches Kriterium), in das er in der Regel täglich, mindestens aber einmal wöchentlich zurückkehrt (zeitliches Kriterium)." (Europäische Kommission 2012, Rev. 2012-07-25, b).

Diese angeführten Definitionen, die neben der Fahrt vom Wohnsitz zur Arbeitsstätte über eine Grenze hinweg die tägliche oder wöchentliche Rückkehr an den Wohnsitz verlangt, gelten jedoch nur für den sozialen Schutz der betreffenden Arbeitnehmer in der Europäischen Union (European Parliament 1997, 2012-07-16).

Nicht gleichzusetzen sind die Grenzgänger jedoch mit den Pendlern. Als Pendler werden Menschen bezeichnet, die den Weg von ihrem Wohnort zu ihrem Arbeitsplatz, Schul- oder Studienort unter Zuhilfenahme eines Verkehrsmittels bewältigen. Dies geschieht aber innerhalb eines Nationalstaates und nicht über die Grenzen von zwei Staaten hinweg. Die Gemeinsamkeit der Begrifflichkeit von Pendler und Grenzgänger liegt darin, dass sie eine Begleiterscheinung der zunehmenden Mobilität der Bevölkerung sind. Pendler können in verschiedene Gruppen unterteilt werden. Einerseits nach der Häufigkeit (täglich, wöchentlich, nur am

Wochenende) oder andererseits nach der zurückgelegten Wegstrecke (Nah- und Fernpendler). Eine mögliche Beschreibung dieser Personengruppe könnte durch die Verschmelzung der beiden Wörter Grenzgänger und Pendler zu „Grenzpendler" erfolgen.

Da in dieser Arbeit die Beweggründe von Grenzgängern untersucht werden, die zum Arbeiten oder Studieren in ein Nachbarland fahren, verschwimmen in dieser Diplomarbeit die Definitionen von Grenzgänger, Pendler und Grenzpendler, da die befragten Personen sowohl Grenzgänger als auch Pendler sind, die täglich von ihrem Wohnort zu ihrem Arbeits- beziehungsweise Studienort ins nahe Ausland über nationalstaatliche Grenzen hinweg pendeln.

5. Erläuterungen zum Fragebogen

5.1 Angewandte Methodik

Wie bereits in der Einleitung erwähnt, ist die bestehende Literatur zur Thematik der Grenzgänger in der Euregio Maas-Rhein entweder veraltet, sodass aktuelle Geschehnisse nicht behandelt und Gesetzesänderungen nicht aufgenommen werden konnten oder die Literatur beschäftigt sich mit anderen deutschen Grenzregionen, beispielsweise die Deutsch-Schweizer Grenzregion. Die Erstellung eines Fragebogens zur genauen Untersuchung des Gebietes der Euregio Maas-Rhein war daher unerlässlich. Ziel des Fragebogens ist die Abfrage und Erfassung von Beweggründen und Entscheidungskriterien der betroffenen deutschen Bürger für einen Umzug ins naheliegende Ausland, nach Belgien oder in die Niederlande.

Bei der Erstellung des Bogens wurden die Fragen so formuliert, dass der Fragebogen selbsterklärend ist. Dies war von großer Wichtigkeit, da manche Fragebögen per Post verschickt wurden und deshalb beim Ausfüllen des Bogens aufkommende Verständnisfragen nicht persönlich beantworten werden konnten. Aus diesem Grund wurden auch geläufige Formulierungen verwendet und auf spezifische Fachbegriffe verzichtet. Manche Probanden konnten jedoch auch persönlich befragt werden. Durch persönliche Gespräche war es möglich, umfangreiche Einblicke in die alltäglichen Probleme eines „Grenzgängers" zu erhalten.

Im nachfolgenden Teil wird das gewählte Forschungsdesign näher erläutert. „Mit Forschungsdesign bezeichnet man die äußere Form einer empirischen Studie... Gemeint ist damit jedenfalls der übergeordnete methodologische Plan, nach dem die Studie aufgebaut ist." (HUG, T. & POSCHESCHNIK, G. 2010: 70). Es gibt verschiedene Arten von Forschungsdesigns, unter anderem das Experiment, die Feldforschung, die Dokumentenanalyse oder das Survey (MAYRING, P 2002: 66). „Ziel eines Surveys ist es, Aussagen über eine Grundgesamtheit von Personen zu machen, ohne alle diese Personen untersuchen zu müssen. Zu diesem Zweck wird aus der Grundgesamtheit aller Personen, über die eine Aussage getroffen werden soll...eine Stichprobe gezogen." (HUG, T. & POSCHESCHNIK, G. 2010: 74).

Das Forschungsdesign des Surveys wird in der empirischen Sozialforschung zur Erfragung von Meinungen eingesetzt, welches auch in der vorliegenden Arbeit zur Anwendung kam.

Daher wurde, um an die benötigten Daten zu gelangen, das Forschungsdesign des Survey für diese Diplomarbeit verwendet.

Die Grundgesamtheit der Grenzgänger wurde in zwei Personengruppen unterteilt. Da die Befragung der Grundgesamtheit der Grenzgänger (ca. 11.250 Personen) durch mich als einzelne Person nicht möglich war, wurden Stichproben aus dieser Menge gezogen. Insgesamt konnten 123 Personen für eine Mitarbeit gewonnen werden. Durch diese Zahl kann zwar keine Repräsentation der Grundgesamtheit hergestellt werden, jedoch werden Faktoren, wie Motivation, Tendenzen und Gemeinsamkeiten durch die Beantwortung der Fragebögen und die hierdurch gewonnenen Erkenntnisse offenbart.

Wie im vorigen Abschnitt dargelegt, wurde als Erhebungsmethode die Befragung gewählt. „Befragungen zielen darauf ab, Informationen zu erheben, die einer Beobachtung nicht so leicht zugänglich sind." (HUG, T. & POSCHESCHNIK, G. 2010: 83).

Auf diese Weise konnte mithilfe der Erstellung, der Durchführung und der Auswertung der beiden Fragebögen ein umfassendes Meinungsbild der Probanden erstellt werden. Durch die anonymisierten Fragebögen ist es nicht möglich, einen Rückschluss auf den Absender bzw. auf die befragten Personen zu ziehen. Dies sollte der Einhaltung des Datenschutzes Genüge tragen.

Da bei einer empirischen Arbeit die Methodenauswahl ein wichtiger Faktor ist, wird folgend auf die qualitative und quantitative Befragungs- beziehungsweise Erhebungsmethode zur Gewinnung von themenrelevanten Fakten näher eingegangen.

Die Datenerhebung in Form eines Experteninterviews wurde bei Frau Löhr-Karem von der REGIO Aachen nach der qualitativen Methode durchgeführt. Die qualitative Befragungsmethode besagt, dass vom Interviewer Fragen gestellt werden, wobei keine Antwortmöglichkeiten vorgegeben worden sind und die Fragen in einer offenen Form gestellt werden. Die gegebenen Antworten sind jedoch bei einer größeren Menge von durchgeführten Interviews nicht vergleichbar. Daher sind die Fragebögen für die Angestellten und für die Studenten nach der quantitativen Methode erstellt worden. „Vor allem bei schriftlichen Befragungen sind die

Fragen *geschlossen* formuliert, d.h.: es kann nur mit Ja und Nein geantwortet werden…Zusammenfassend lässt sich eine empirische Befragung somit definieren als ein planmäßiges Vorgehen mit wissenschaftlicher Zielsetzung, bei der, i.d.R. aber eine größere Anzahl an Personen (wie in der quantitativen Forschung üblich) durch eine Reihe gezielter Fragen zu mündlichen oder schriftlichen Informationen veranlasst werden." (HUG, T. & POSCHESCHNIK, G. 2010: 121). Durch die beschränkte Antwortmöglichkeit von „JA" oder „Nein" ist nach der Erhebung bei der Auswertung der Ergebnisse eine Vergleichbarkeit gegeben und die angewandte Befragungsmethode liefert gut nutzbare, quantitativ aussagekräftige Daten.

5.2 Befragte Personengruppen

Als Grenzgänger werden sowohl Niederländer und Belgier als auch deutsche Staatsbürger bezeichnet, die zum Arbeiten ins Nachbarland fahren. Für die Erstellung der Diplomarbeit hat sich jedoch herausgestellt, dass für diese Arbeit zwei Personengruppen von besonderem Interesse sind. Das Hauptaugenmerk liegt primär auf den deutschen Staatsbürgern, die in den Niederlanden oder in Belgien wohnen und in Deutschland arbeiten. Für diesen Personenkreis ist es dem Verfasser ein Anliegen, die Gründe beziehungsweise die Motivation für die Wohnort- und Arbeitsorttrennung darzulegen. Neben den deutschen Arbeitnehmern ist es eine Intention zu ergründen, weshalb viele deutsche Studenten, die in deutschen Grenzgemeinden ihren Wohnort haben, in den grenznahen niederländischen Universitäten von Heerlen und Maastricht eingeschrieben sind.

Da sich bei beiden Personengruppen die Motivation zum Pendeln und dem täglichen Grenzübertritt unterscheiden, wurde für jede Personengruppe jeweils ein eigener Fragebogen mit auf den Personenkreis abgestimmte Fragen erstellt. So erübrigt es sich, beispielsweise einen Angestellten nach dessen erstem Arbeitsplatz zu befragen, da sich hierdurch keine relevanten Ergebnisse für diese Diplomarbeit herleiten lassen. Stellt man jedoch einem Studenten die Frage, wo er seinen ersten Arbeitsplatz sieht, so kann man aus der gegebenen Antwort z.B. Rückschlüsse auf den Arbeitsmarkt des jeweiligen Landes ziehen.

Für beide befragten Personengruppen wurde jeweils ein quantitativer Fragebogen erstellt. „Bei der quantitativen Forschung geht es darum, Verhalten in Form von Modellen, Zusammenhängen und zahlenmäßigen Ausprägungen möglichst genau zu beschreiben und vorhersagbar zu machen." (WINTER, S. o. Datum, Rev. 2000-05-15). Dabei wurde bewusst auf offene Fragen verzichtet, um eine Vergleichbarkeit der gewonnenen Erkenntnisse zu gewährleisten.

5.3 Vorstellung des Fragebogens der Angestellten

Zuerst wird in diesem Kapitel der Fragebogen der Angestellten näher erläutert. Die Auswertung des Fragebogens der Studenten schließt sich im Kapitel 5.5 an.

Insgesamt wurden 63 Angestellte mithilfe dieses Fragebogens erfasst. Zu Beginn des Fragebogens wurden allgemeine Fakten abgefragt, wie z.b. das Alter oder das „Wohnland" beziehungsweise der Wohnort des jeweiligen Angestellten. Im weiteren Verlauf des Bogens wurden persönlichere Fragen z.B. über die Einkünfte und den erlangten Bildungsabschluss erfragt.

Um eine zeitliche Zuordnung zu ermöglichen, behandelt die erste Frage die jeweilige Wohndauer der Befragten in den Niederlanden beziehungsweise in Belgien. 61 der 63 befragten Personen leben schon mehr als 20 Jahre in ihrem jeweiligen „Wohnland". Nur zwei Personen wohnen mit ihren Familien erst jeweils fünf beziehungsweise sieben Jahre in ihrem „Wohnland".

In der darauffolgenden Frage, welche auf die Eigentumsverhältnisse eingeht, sind die gegebenen Antworten eher als überraschend zu werten. 41 Personen leben in ihrem Eigenheim. Auffällig hierbei ist, dass alle Haus- beziehungsweise Wohnungseigentümer in den Niederlanden wohnen. Die restlichen 22 Personen wohnen in Belgien in einer Immobilie zur Miete. Weshalb ist es von Relevanz, ob die befragte Person Eigentümer oder Mieter ist?

Die jeweiligen Besitzverhältnisse der Angestellten lassen Rückschlüsse auf die Entscheidungsfindung des untersuchten Personenkreises zu. Ein Käufer einer Immobilie wägt einen Kauf sehr viel genauer ab, da der Kaufpreis eines Objektes ungleich höher ist, als die monatlich zu entrichtende Miete. Folglich werden Mietverträge schneller als Kaufverträge geschlossen. Erwägt ein deutscher Bürger den Kauf einer Immobilie im nahen Ausland, liegen ihm dafür gewichtige Gründe vor und die Vorteile zu diesem Kauf müssen einem Kauf im Heimatland überwiegen. Letztlich legt man sich mit einem Kauf längerfristig fest als bei einem Mietobjekt. Auch hat sich dieser Käufer im Vorhinein mit der Thematik tiefgehend befasst und kann auf manche gestellten Fragen, wie beispielsweise über die infrastrukturellen Gegebenheiten vor Ort oder auch die Altersstruktur im gewählten Wohnumfeld eine fundierte Antwort geben.

Mit der dritten Frage wurde versucht, in Erfahrung zu bringen, wie viele Personen in dem befragten Haushalt leben. Intention dieser Frage ist es, zu erfahren, ob jemand ohne Familie den Schritt des Wohnortwechsels ins Ausland schneller vollzieht, als z.B. ein Familienvater mit zwei Kindern. Auch diese Frage birgt für den Leser eine Überraschung. Von den 63 befragten Personen war lediglich eine Person Single beziehungsweise lebte alleine in einem Haushalt. Die restlichen 62 Personen leben mit einem Partner in ihrem "Wahlland". Aus diesem Ergebnis lässt sich schlussfolgern, dass Familien durch einen Wohnortwechsel keine Nachteile befürchten und den Wohnort zum Umzugszeitpunkt, wie bereits beschrieben, aufgrund von einem geringeren Mietspiegel beziehungsweise Immobilienpreisen im Vergleich zu Deutschland gewählt haben.

Die folgende Frage, Nr. 5, behandelt die Gründe für einen Umzug in die Niederlande oder nach Belgien. Fast 50% (31) der befragten Personen geben an, den Umzug ins Ausland aus privaten Gründen vorgenommen zu haben. Ein weiterer Schwerpunkt bildet die Antwortmöglichkeit „Umzug aus Gründen des Lebensgefühls". Diese Antwortmöglichkeit nutzten weitere 30 befragte Personen. Lediglich jeweils eine Person verzog ins nahe Ausland wegen steuerlichen Vorteilen beziehungsweise aus beruflichen Gründen. Dass nur eine befragte Person den Umzug in ein Nachbarland aus beruflichen Gründen vollzogen hat, verwundert nicht, da der Großteil der deutschen Bürger weiterhin in Deutschland arbeitet und keine Arbeitsstelle in seinem „Wohnland" hat.

Dass lediglich eine befragte Person ihren Umzug aus steuerlichen Gründen anführt, verdeutlicht, dass Arbeitnehmer fürchten, durch einen Umzug in ein anderes Land doppelt besteuert zu werden. Dies könnte man darauf zurückführen, dass die Bürger die europäische Steuergesetzgebung als nicht genug harmonisiert betrachten und fürchten durch einen Umzug in ein Nachbarland höhere Abgaben leisten zu müssen.

Dies zeigt, dass aufgrund der Nähe der gewählten Wohnorte zur deutschen Grenze die „weichen Faktoren" wie ein Umzug aus privaten Gründen und des Lebensgefühls im gewählten „Wohnland" den Ausschlag geben. In persönlichen Gesprächen mit einigen Probanden wurde auf die Frage, weshalb sie von den möglichen Antworten „Lebensgefühl" gewählt hätten, die Antwort gegeben, dass viele der Befragten so die Möglichkeit sähen, Wohn- und Arbeitsort strikt zu trennen. Aufgrund der zunehmenden Belastung am Arbeitsplatz möchten viele Deutsche durch einen Umzug in die Niederlande oder nach Belgien versuchen, sich einen Ruhepol zu schaffen, wobei eine gewisse räumliche Trennung der Lebensschwerpunkte Leben und Arbeiten nicht zu verkennen ist.

Die sechste Frage: „Wie haben Sie sich über Immobilienangebote informiert?" wurde gestellt, um zu ermitteln, welche regionalen Unterschiede auf den Immobilienmärkten in den Niederlanden und Belgien vorliegen. Interessant ist auch bei dieser gestellten Frage das Ergebnis. Während die in Belgien beheimateten Befragten ihre Immobilie privat erworben beziehungsweise gemietet haben, so fanden alle in den Niederlanden wohnenden Befragten ihr neues Heim ausschließlich mit Hilfe von gewerblichen Immobilienmaklern. Im Gegensatz zu Belgien oder Deutschland ist es in Ländern, wie in Großbritannien oder in den Niederlanden, der Regelfall eine Immobilie über einen Immobilienmakler zu veräußern oder zu erwerben. Dies lässt sich an der Vermittlungsquote festmachen. Während in Deutschland gewerbliche Immobilienmakler lediglich einen Marktanteil von 60 % innehaben, werden in den Niederlanden ca. 90 % der Immobilien über professionelle Makler verkauft.

Die Frage sieben birgt in ihrer Beantwortung im Hinblick auf das Thema dieser Diplomarbeit keinerlei Überraschungen. In dieser Frage wurde nach dem Land gefragt, in dem die Befragten arbeiten. So überrascht es nicht, dass alle 63 Befragten zwar im Ausland leben, jedoch in Deutschland arbeiten.

Durch die Beantwortung der achten Frage, wie die Personen täglich zur Arbeit pendeln, kann man nun Rückschlüsse auf zweierlei Faktoren ziehen. Zur Auswahl stand den Probanden die Antwortmöglichkeiten Individual (motorisiert), Individual (Fahrrad, zu Fuß) oder ÖPNV (Öffentlicher Personen Nahverkehr). Welche Verkehrsinfrastruktur nutzen die Befragten zum Erreichen des Arbeitsplatzes? Ist die Möglichkeit der PKW-Nutzung gegeben, ist z.B. die Straßeninfrastruktur ein tragendes Entscheidungselement. Auch kann die Wohnstätte dann weiter entfernt von der Arbeitsstätte liegen, weil durch die Nutzung des eigenen PKW's das Umsteigen bei größeren Strecken bei der ÖPNV Nutzung entfällt.

Besteht die Möglichkeit des motorisierten Individualverkehrs nicht, so muss der Befragte auf den ÖPNV oder auf den Individualverkehr (Fahrrad oder zu Fuß) ausweichen. Ist dies gegeben, sind Punkte wie die Erreichbarkeit der Haltestelle oder Taktung der Verkehrsmittel ein wichtiges Entscheidungselement. Aufgrund dieser Problematik sinkt der Radius des Wohnortes zur Arbeitsstätte und verringert sich im Vergleich zum motorisierten Individualverkehr.

Zur Verbesserung der Sachlage verbindet die Euregio-Bahn im SPNV (Schienen Personen Nahverkehr) die Städte Aachen und Heerlen miteinander. Diese Verbindung ermöglicht es den Pendlern, ab Aachen den ICE nach Köln oder den Thalys in Richtung Köln beziehungsweise Paris zu nutzen (Die Deutsche Bahn 2012, 2012-10-02).

Ebenfalls verbindet eine Buslinie, welche von der Aachener Gesellschaft ASEAG betrieben wird, die Städte Aachen und Heerlen sowie eine Buslinie die Städte Aachen und Eupen miteinander. Die Nutzung dieser Linien wurde durch das Installieren eines einheitlichen, grenzüberschreitenden Tarifes für die Nutzer attraktiver gestaltet (Aachener Straßenbahn und Energieversorgungs-AG 2012, 2012-10-02).

Da die Infrastruktur des ÖPNV beziehungsweise des SPNV im Untersuchungsgebiet in Bezug auf Taktung und Haltestellenerreichbarkeit sehr gut ist, wäre vorab davon auszugehen, dass ein überwiegender Teil der befragten Personen durch die Nutzung von Bus und Bahn zu ihrer Arbeitsstätte gelangen. Diesbezüglich ist interessant, dass von den 63 befragten Personen lediglich zwei Personen den ÖPNV nutzen. Der Großteil der Probanden mit 59 Personen nutzt den motorisierten Individualverkehr. Dieses Ergebnis ist wegen der guten öffentlichen infrastrukturellen Gegebenheiten umso überraschender. Die restlichen befragten Personen, zwei Probanden, nutzen das Fahrrad, um täglich an ihre Arbeitsstätte zu gelangen. Die geringe Anzahl könnte jedoch der geographischen Lage Aachens geschuldet sein. Aufgrund dessen, dass die Stadt Aachen in einem Talkessel liegt, sind der Heimweg in die umliegenden Gemeinden beziehungsweise nach Belgien oder die Niederlande mit dem Fahrrad nur durch einen nicht zu verachtenden Anstieg möglich.

Die Ursache der hohen Nutzung des motorisierten Individualverkehrs kann durch die Einbindung der neunten Frage ein wenig relativiert werden. Bei dieser Frage steht die tägliche Pendelstrecke (eine Strecke in Kilometern) im Fokus der Betrachtung. Die Spanne der Entfernung zwischen dem Arbeitsplatz und dem Wohnort reicht von vier bis 40 Kilometer.

Jedoch müssen nur lediglich zwei befragte Personen vier beziehungsweise neun Kilometer täglich zur Arbeit nach Deutschland pendeln. Der Grund, warum der überwiegende Teil der Probanden täglich mit dem PKW zur Arbeit gelangt, kann darin gefunden werden, dass die täglich zu bewerkstelligende Pendelentfernung der meisten Befragten zwischen 13 und 40 Kilometern (eine Strecke) liegt. Da diese Strecken sehr lang sind und die befragten Arbeitnehmer aus den Umlandgemeinden beziehungsweise aus dem nahen Ausland in die Innenstadt von Aachen zu ihrer Arbeitsstätte gelangen müssen, wird von den meisten Probanden der PKW zu diesem Zweck genutzt, da bei dieser Entfernung bei Benutzung des ÖPNV ein mehrmaliges Umsteigen von Nöten ist.

Keine der beschriebenen Anteile der Verkehrsmittelwahl darf jedoch als ausschließliche Angabe verstanden werden, da in vielen Fällen die gewählten Verkehrsmittel kombiniert und je nach Jahreszeit sowie gegebenen aktuellen Witterungsverhältnissen gewechselt werden.

Die Auswertung der zehnten Frage gibt dem Leser Aufschluss über die soziale Integration im gewählten Wohnortes der Befragten. Die überwiegende Mehrzahl der Befragten (52) unterhalten ihre sozialen und gesellschaftlichen Kontakte ausschließlich weiterhin in Deutschland. Dies ist umso beachtenswerter, bedenkt man den langen Zeitraum (ca. 20 Jahre), in dem die Personen bereits in Belgien beziehungsweise in den Niederlanden leben. Lediglich vier Personen in den Niederlanden und sieben Personen in Belgien pflegen soziale Kontakte zu ihrem Umfeld, d.h. in ihrem „Wohnland".

Aus dieser Verhaltensweise kann man mannigfaltige Rückschlüsse ziehen. Dass der Großteil der Personen angibt, keine sozialen Kontakte an seinem Wohnort zu unterhalten, widerspricht den gewonnenen Erkenntnissen aus Frage fünf. Dort gaben ca. 50% der Befragten an, einen Umzug aus Gründen des Lebensgefühls vollzogen zu haben. Es ist jedoch davon auszugehen, dass, wenn ein Umzug in ein anderes Land ausschließlich aus Gründen des positiveren Lebensgefühls vonstattengeht, der Betroffene soziale Kontakte in dem gewählten Land sucht und bemüht ist, sich in das soziale Umfeld zu integrieren. Dies geht ebenfalls einher mit dem Erlernen der Landessprache.

Da dies nach Auswertung der zehnten Frage nicht der Fall ist, zeigt, dass weiche Faktoren wie das Lebensgefühl nicht die ausschlaggebende und alleinige Entscheidungsgrundlage bietet. Die neu erworbene beziehungsweise gemietete Immobilie kann als reine Schlafstätte betitelt werden, das Sozial- wie auch das Arbeitsleben findet aber weiterhin in Deutschland statt. Folglich ist davon auszugehen, dass der neue Wohnort nur aufgrund der geringeren Immobilienpreise gewählt wurde.

Diese Annahme wird durch die Auswertungsergebnisse der elften Frage weiter gestärkt. In dieser Frage wird das Einkaufsverhalten der Probanden auf der Grundlage der Einkaufshäufigkeit in Deutschland analysiert. Von den 63 Probanden gaben lediglich drei Personen an, nie nach Deutschland einkaufen zu fahren. Dabei bezieht sich diese Frage auf den Einkauf von Dingen des täglichen Bedarfes (Nahrungsmittel) wie auch des längerfristigen Bedarfes (Bekleidung). 30 Personen gaben an, täglich nach Deutschland einkaufen zu fahren. Die restlichen 30 Probanden fahren nach eigenen Angaben wöchentlich nach Deutschland, um dort einzukaufen.

Diese doch sehr häufigen getätigten Einkäufe in Deutschland haben nach den Untersuchungsergebnissen drei Ursachen. Zum einen kaufen die Befragten weiterhin in Deutschland ein, da sie dort mit dem Warensortiment, vor allem bei den Discountern, vertraut sind. Zum anderen verbinden die Befragten ihren Einkauf mit dem Rückweg von ihrer Arbeitsstätte. Das letzte

Argument, welches für den Verbraucher mit den größten Entscheidungsgrund für einen Kauf darstellt, ist der Preis der benötigten Produkte. In Deutschland kosten Produkte im Vergleich zum gesamten EU Durchschnitt zwar 3,4 % mehr, jedoch liegen die Niederlande mit einem Preisniveau von 8,0 % über dem EU Durchschnitt, weshalb Produkte aus einem vergleichbaren Warenkorb (CD´s, Bücher, Treibstoffe, Haushaltswaren etc.) in den Niederlanden ca. 4,6 % teurer für den Verbraucher sind als vergleichbare Produkte in Deutschland (KURKOWIAK, B. 2012, 2012-08-02).

Die nächsten beiden Fragen 12 und 13 beziehen sich auf das EURES Netzwerk. Dieses Netzwerk wird im Kapitel acht dieser Diplomarbeit ausführlich behandelt. Mit der 12. Frage sollte in Erfahrung gebracht werden, ob dieses Netzwerk bei den Probanden bereits bekannt ist. Des Weiteren schließt sich hier die 13. Frage an, die ergründet, ob dieses Netzwerk zur Arbeitssuche von den befragten Personen genutzt wurde. Wie in den folgenden Kapiteln fünf und acht beschrieben, war das EURES Netzwerk keinem der befragten Personen bekannt und wurde auch folglich nicht angewendet.

Die Frage vierzehn steht im Kontext mit den Fragen zehn und elf. Wie die beiden vorherigen Fragen soll durch diese Beantwortung der Frage ebenfalls die soziale Integration der befragten Personen in ihrem „Wohnland" dokumentiert werden. Die Auswertung der beiden erwähnten Fragen hat bekanntlich ergeben, dass keine beziehungsweise kaum eine Integration der „Aussiedler" in die belgische oder niederländische Gesellschaft stattgefunden hat. Auf den ersten Blick scheint die Auswertung der Frage 14 mit den Erkenntnissen der beiden vorherigen Fragen nicht konform zu sein. 44 der Probanden pflegen laut Frage 14 einen engeren Kontakt zu ihrer Nachbarschaft. Lediglich 19 Personen beantworten die Frage „Haben Sie engeren Kontakt zu Ihrer Nachbarschaft" mit einem „Nein".

Die Gewichtung der gegebenen Antworten scheint im ersten Moment zu überraschen. Beachtet man jedoch, dass die befragten deutschen Grenzgänger meist ausschließlich in einem deutschen Umfeld in ihrer belgischen oder niederländischen Gemeinde leben, so verfestigen sich die gewonnen Erkenntnisse aus den beiden vorherigen Fragen. Nachbarschaftlicher Umgang wird zwar gepflegt, doch sind wie im folgenden Kapitel 10.2 beschrieben, ganze Straßenzüge z.B. in dem niederländischen Grenzort Vaals beziehungsweise in der belgischen

Gemeinde Hergenrath von deutschen Grenzgängern bewohnt. Umso erstaunlicher ist es daher, dass 19 der 63 Probanden gar keinen nachbarschaftlichen Kontakt pflegen.

Die drei nachfolgenden Fragen wurden an den Schluss des Fragebogens gestellt, da es sich bei diesem Fragenblock um persönlichere beziehungsweise private Informationen über die Probanden handelt. Der Grund, dass diese Art von Fragen an den Schluss des Fragebogens gestellt wurde, ist der, dass die Probanden nicht schon zu Beginn verunsichert sind und schon in einem frühen Stadium das Ausfüllen des Fragebogens abbrechen.

Erstaunlicherweise hat keiner der Probanden negativ auf diese persönlicheren Fragen reagiert. Da den Probanden vorab eine anonyme Auswertung zugesichert wurde, konnte den befragten Personen im Vorfeld etwas von ihrer Unsicherheit und etwaiger Zurückhaltung bei der Beantwortung bezüglich der Bekanntgabe von sensibleren Daten genommen werden.

Die erste Frage dieses Blockes, Frage 15, erfragt das Alter der Personen. Das Spektrum reicht von dem Geburtsjahr 1982 und reicht zurück bis 1950, wobei die weitaus größte Mehrzahl der Probanden Mitte bis Ende der 1970er Jahre geboren wurde.

Interessant bei der Auswertung des Alters der Befragten ist die Tatsache, dass abgesehen von wenigen Ausnahmen der Großteil der befragten Angestellten zwischen 1950 und 1969 geboren ist. Welche Rückschlüsse lassen sich hieraus und unter Einbeziehung der bisherigen Fragen ziehen?

Durch die gemeinsame Auswertung aus den gewonnen Erkenntnissen der Fragen 1 und 15 kristallisiert sich eine Erkenntnis aus den vorliegenden Ergebnissen heraus. Der Großteil der befragten Personen war bei ihrem Umzug ins nahe Ausland zwischen 25 und 30 Jahre alt. Da dies ein typisches Alter für den Erwerb einer Immobilie ist und in die Jahre zwischen 1980 und 1990 fällt, kann man aus diesem Zusammenhang schließen, dass zu diesem Zeitpunkt der Erwerb einer Immobilie im nahen Ausland sehr attraktiv für junge Familien war.

Dass nach dem Jahr 1990 der Zuzug von deutschen Bürgern ins nahe Ausland langsam versiegte, zeigt, dass diese Gemeinden an Anziehungskraft beziehungsweise Attraktivität verloren haben. Wie im folgenden Kapitel 9.3 beschrieben, hat sich dieser Trend zu einem Wegzug aus Deutschland in den letzten Jahren in die Gegenrichtung entwickelt.

Die nachfolgende Frage 16 zielt auf das monatliche Haushaltseinkommen der befragten Personen ab. Hierbei war es wichtig, den Haushalt der Teilnehmer in dessen Gesamtheit zu erfassen und nicht nur das Einkommen der befragten Person. Das Haushaltseinkommen ist bei dieser Frage von Relevanz, da die befragte Person Hausfrau sein kann, Teilzeit arbeitet oder das Haupteinkommen der Familie verdient. Daher ist es von Bedeutung die Familie mit ihrem Einkommen in der Gesamtheit zu erfassen. Diese Frage 16 wird wieder in Zusammenhang mit der letzten Frage dieses Bogens, Frage 17, gesetzt, welche sich auf den höchsten erreichten formalen Bildungsabschluss des Probanden bezieht.

Das Ergebnis, das man durch die Zusammenlegung bei der Auswertung der beiden Fragen erhält, lässt die Aussage zu, welches Klientel beziehungsweise welche Bevölkerungsgruppe einen Umzug ins nahe Ausland bis in die 1990er Jahre favorisiert hat.

Die nun vorliegenden Ergebnisse könnten in ihrer Eindeutigkeit nicht prägnanter sein. Von den 63 Teilnehmern dieses Fragebogens liegen 50 Haushalte in der Gehaltsklasse zwischen 1.500 und 3.000 Euro netto. Lediglich 13 Haushalte befinden sich innerhalb der Gehaltsklasse von 3.000 bis 4.500 Euro Nettoeinkommen. Die Aussagen zum erreichten höchsten Bildungsabschluss stehen den Ergebnissen von Frage 16 nicht in ihrer Eindeutigkeit nach. 56 der befragten Personen haben einen universitären Abschluss erlangt. Nur vier Personen erzielten einen Realschulabschluss und drei Befragte begannen ihr Berufsleben nach dem Erreichen des Abiturs.

Die Auswertung der beiden Fragen liefert hinsichtlich ihrer Aussagekraft eine eindeutige Klarheit. In den Jahren zwischen 1980 und 1990 war es für 25 bis 30-jährige Absolventen eines Universitätsstudiums mit einem monatlichem Nettohaushaltseinkommen bis zu 3.000 Euro besonders attraktiv, eine Immobilie im nahen Ausland zu erwerben beziehungsweise zu mieten.

5.4 Gewonnene Erkenntnisse

Im folgenden Kapitel werden signifikante Erkenntnisse, welche durch die Beantwortung des Fragebogens für die Angestellten gewonnen wurden, explizit erläutert. In einem späteren Schritt wird der Fragebogen der Studenten analysiert und versucht, dessen Aussagen mit dem Fragebogen der Angestellten zu vergleichen beziehungsweise differenziert zu betrachten.

Aus den Ergebnissen des bereits analysierten Fragebogens für die Angestellten kann man folgende Kernaussagen entnehmen. Kurz formuliert lassen sich drei Kernaussagen durch die Auswertung des Fragebogens erklären. Wer beziehungsweise welche Personengruppe favorisiert einen Wohnortwechsel ins nahe Ausland. Des Weiteren lassen sich die Gründe für einen Umzug darstellen. Zuletzt lässt sich der Grad der sozialen Integration der deutschen Bürger im Ausland aufzeigen.

Zunächst wird auf das „Wer", also auf die Personengruppe eingegangen, die sich für einen Wohnortwechsel ins Ausland entschieden hat. Wie im vorigen Kapitel dargelegt, war der Erwerb einer Immobilie im nahen Ausland für Akademiker im Alter von 25 bis 30 Jahren mit einem mittleren Haushaltseinkommen von bis zu 3.000 Euro netto attraktiv.

Jedoch beschränkte sich dieser Umzugsanstieg auf die Jahre zwischen 1980 und 1990. Nach diesem Zeitraum wurden von niederländischer Seite die Rahmenbedingungen bezüglich der Fiskalpolitik verändert (Die Senatorin der Freien Hansestadt Bremen 2009, 2012-09-15). Dies wird dadurch offensichtlich, dass nach diesem genannten Zeitraum keine nennenswerte Anzahl von Wohnortwechseln beziehungsweise Immobilienkäufen in den Niederlanden stattgefunden haben.

Durch die Auswertung des Fragebogens werden ebenfalls die Gründe für einen Erwerb von Wohnimmobilien durch deutsche Staatsbürger in den Niederlanden beziehungsweise in Belgien deutlich. Zwar spielt das veränderte Lebensgefühl des Umziehenden an seinem neu gewählten Wohnort eine nicht zu verkennende Größe, jedoch überwiegen schlussendlich monetäre Überlegungen und geben den Ausschlag für einen Immobilienkauf beziehungsweise –verkauf.

Steigen in dem neu gewählten „Wohnland" die Lebenshaltungs- oder die Alltagskosten über einen kurzen Zeitraum gesehen stark an, so zieht es die deutschen Staatsbürger, wie in den letzten Jahren zu beobachten, wieder zurück in ihr Heimatland. Voraussetzung für dieses Vorgehen ist, dass die Preise im Heimatland stabil und Voraussagen über zukünftige preisliche Entwicklungen verlässlich sind.

Diese Tatsache spiegelt sich ebenfalls in dem dritten Block der sozialen Integration wider. Nach einem Umzug in die benachbarten Niederlande oder nach Belgien bleiben die sozialen Kontakte beziehungsweise der engere Bekanntenkreis in Deutschland bestehen. Bemühungen, sich einen Bekanntenkreis z.B. in den Niederlanden aufzubauen, werden aufgrund der Nähe zwischen altem und neuem Wohnort kaum unternommen. Dadurch, dass der wöchentliche beziehungsweise der tägliche Einkauf von den befragten Probanden weiterhin in Deutschland getätigt wird, wird dieses Bild weiter gefestigt.

Zieht man die achte Frage des Fragebogens heran, so kann man aus der Beantwortung durch die Teilnehmer der Befragung schließen, dass infrastrukturelle Gegebenheiten im Bereich des öffentlichen Nahverkehrs keine relevante Entscheidungsvariable für eine Wohnortwahl sind. Von den 63 befragten Personen nutzt die überwiegende Mehrheit von 59 Befragten den PKW zum Erreichen des Arbeitsplatzes. Dies geschieht, obwohl wie beschrieben, die infrastrukturellen Gegebenheiten im öffentlichen Nahverkehr sehr gut sind. Überraschend ist diese Erkenntnis dahingehend, berücksichtigt man den auch den in Zukunft weiter fortschreitenden Anstieg der Betriebskosten für den motorisierten Individualverkehr.

5.5 Auswertung des Fragebogens für die Studenten

Im nun nachfolgenden Abschnitt der Diplomarbeit wird auf die Auswertung des quantitativen Fragebogens der Studenten eingegangen. Besonderes Augenmerk wird hier auf die folgenden Aspekte gelegt.

Zum einen ist es für die Erstellung dieser Arbeit von Bedeutung, ob die befragten Studenten in den Niederlanden studieren und weiterhin in Deutschland ihren Wohnsitz haben. In diesem Zusammenhang ist der Hintergrund für diese Entscheidung von Interesse. Zum anderen ist die Wahl des Verkehrsmittels aufschlussreich im Hinblick auf die Mobilität der Studenten. Als letzten Aspekt wird die soziale Integration am Studienort und gleichzeitig die Identifikation mit dem Studienland darlegt. Insgesamt konnten 60 Studenten zur Teilnahme an dieser Befragung gewonnen werden. Wie bereits bei dem Fragebogen für die Angestellten wurden die Fragebögen für die Studenten teils persönlich übergeben, teils auf dem Postweg an die Probanden verschickt.

Mithilfe der ersten beiden Fragen soll in Erfahrung gebracht werden, welchen Studienort die befragten Probanden gewählt haben. Von den deutschen Studenten häufig gewählte Studienfächer in den Niederlanden sind Psychologie (10 Studenten), Physiotherapie, Ergotherapie (50 Studenten) und Design (10 Studenten). Bei der Auswertung dieser Frage ergeben sich geographisch gesehen zwei Schwerpunkte der Studienorte in den Niederlanden.

Die beiden Studienfächer Design und Psychotherapie werden in Maastricht angeboten. Die weiteren 50 befragten Studenten mit den Studienfächern Physio- und Ergotherapie, absolvieren ihr Studium in der niederländischen Stadt Heerlen.

Dass sich die Studierenden auf diese drei Fächerschwerpunkte beschränken, ist auf die Tatsache zurückzuführen, dass andere Studienfächer, wie z.B. Betriebswirtschaft, Ingenieursfächer oder auch Lehramtsfächer von der, für diese Fächer renommierten Universität RWTH-Aachen angeboten werden, die als „Exellenzuniversität" vom Bund gefördert wird.

Zwar sind Kooperationen zwischen der RWTH-Aachen und der Universität von Lüttich existent, jedoch kamen für diese Befragung die dort immatrikulierten deutschen Studenten nicht in Frage, da diese aufgrund der hohen Entfernung von ca. 60 Kilometern (eine Strecke) nicht regelmäßig in die StädteRegion Aachen zurück pendeln. Diese Studenten fallen wegen ihrer unregelmäßigen Rückkehr in die deutsche Heimat nicht mehr unter die Kategorie der Grenzgänger, da per Definition als Minimum einmal in der Woche ein Grenzübertritt stattfinden muss. Ein Studententicket für Busse und Bahnen kommt in diesem Fall für die betreffenden Studenten ebenfalls nicht zum Tragen, da ein ermäßigtes Ticket lediglich in Belgien gilt. Für den Weitertransport nach Deutschland würden ab der Grenze weitere zusätzliche Kosten anfallen, weshalb dieses Transportmittel für die Mehrheit der in Lüttich studierenden deutschen Staatsbürger aus ökonomischem Gesichtspunkt unattraktiv ist (Universität Liége 2012, Rev. 2012-08-01).

Mit der Beantwortung der dritten Frage soll der Wohnort der Probanden in Erfahrung gebracht werden. Alle befragten Personen studieren in den Niederlanden. Durch die Ergebnisse der dritten Frage und zahlreichen Einzelgesprächen mit den befragten Studenten, ergänzt mit den Ergebnissen der 7. Frage, welche die tägliche Pendelstrecke zwischen Wohnort und Universität erfragt, ergibt sich folgendes Bild. Aufgrund der sehr hohen Mieten in den niederländischen Universitätsstädten, insbesondere bei kleineren Studentenwohnungen (ein bis zwei Zimmerwohnungen), nehmen die Probanden tägliche Pendelentfernungen von bis zu 40 Kilometern (eine Strecke) auf sich. Um weitere Kosten zu vermeiden, wohnen 50 % der befragten Studenten weiterhin bei ihren Eltern. Die übrigen 50 % (30 Befragte) leisten sich eine eigene Mietwohnung.

Die Ergebnisse der fünften Frage ergeben, dass wie bereits dargelegt, die befragten Studenten zur Miete oder bei ihren Eltern leben. Über Eigentum verfügt noch kein studentischer Proband.

Die Fragen acht und neun können inhaltlich in den gleichen Kontext gesetzt werden. Von Bedeutung ist die Häufigkeit des Grenzübertritts, die durch die achte Frage in Erfahrung gebracht werden soll. Daran anschließend, Frage neun, wird das genutzte Verkehrsmittel (Individual motorisiert, Individual Fahrrad oder zu Fuß, oder ÖPNV) in Erfahrung zu bringen versucht. Die Ergebnisse, welche sich durch das Stellen dieser beiden Fragen ergeben, vor allem auf die neunte Frage bezogen, sind mehr als eindeutig. Von den 60 Studenten pendeln 40 Personen fünfmal in der Woche von ihrem Wohnort zu ihrer Universität in den Niederlanden. Die restlichen 20 Studenten pendeln viermal wöchentlich. Trotz guter Anbindung des öffentlichen Nahverkehrs in Form eines guten Streckenausbaus und einer häufigen Taktung nutzen alle 60 an diesem Fragebogen teilnehmenden Studenten den privaten PKW zum Erreichen des Studienortes. Jedoch ist diesbezüglich anzumerken, dass es auf der Strecke der

Euregio Bahn zwischen Aachen und Heerlen keine Preisermäßigung für Studenten existiert, die in Deutschland wohnen und in den Niederlanden studieren. Ein vergleichbares Ticketsystem (NRW-Ticket) wie an deutschen Universitäten ist in den Niederlanden nicht existent. Dort steht Studenten lediglich ein Sozialticket zur Verfügung, jedoch unter den Voraussetzungen, dass sie in den Niederlanden wohnen und dort einem Vollzeitstudium nachgehen.

Im Folgenden werden wie bereits im vorigen Abschnitt zwei Fragen gleichzeitig analysiert, um so eine gemeinsame Kernaussage der beiden Fragen herausarbeiten zu können. Dabei wurde die zehnte Frage offen gestaltet, d.h. eine vorgefasste Antwortmöglichkeit ist nicht gegeben, so dass die Teilnehmer der Befragung selber aktiv eine Begründung erarbeiten müssen. Von besonderem Interesse ist es hierbei zu erfahren, weshalb ein Studium im Ausland und nicht in Deutschland aufgenommen wurde. Die Antworten, die zu dieser Frage gegeben wurden, sind bei allen drei Studienfächern, welche von den befragten Studenten belegt werden, eindeutig und weisen alle in die gleiche Richtung.

Die Probanden gaben an, dass sie das von ihnen gewählte Studienfach in den Niederlanden aus folgenden Gründen gewählt haben: Für den von den Studenten belegten Studiengang wird die Ausbildung in den Niederlanden im Vergleich zu deutschen Universitäten als besser betrachtet. Dies bezieht sich nach Aussage der Studenten vor allem darauf, dass an den niederländischen Universitäten im Vergleich zu deutschen Universitäten praktische Tätigkeiten während des Studiums einen höheren Stellenwert innehaben und an niederländischen Universitäten die Praxis im Zeitvergleich zur Theorie überwiegt. Ebenfalls wird für die drei genannten Studiengänge das Studiensystem mit seinen Abläufen von den Probanden in den Niederlanden als besser und effektiver empfunden.

Die Möglichkeit den gewählten Studiengang ebenfalls in einem Umkreis (100 Kilometer vom Wohnort) an einer deutschen Universität zu studieren, hätte laut 50 % der befragten Studenten bestanden. Die Gründe, weshalb sich die Probanden für eine niederländische Universität entschieden haben, wurden obig detailliert dargestellt.

Für die restlichen 30 Studenten hätte laut Antwort auf die elfte Frage die Möglichkeit zu einem vergleichbaren Studium in Deutschland nicht bestanden. So wird beispielsweise das

Fach Physiotherapie in Deutschland nicht als eine universitäre Ausbildung angeboten, sondern gilt in Deutschland als ein Ausbildungsberuf. Durch diese Entscheidung einen universitären Abschluss zu erlangen, anstatt eine Ausbildung zu absolvieren, erhoffen sich die befragten Studenten bessere Chancen auf dem deutschen Arbeitsmarkt. Auf diesen Punkt der ersten Stellensuche nach dem Studium wird bei der Auswertung der Frage 14 näher eingegangen.

Mit der 13. Frage wird beabsichtigt, das durchschnittliche Alter der Probanden in Erfahrung zu bringen. Jedoch hat dies bei der Befragung der Studenten nicht die Gewichtung wie bei dem vorherigen Fragebogen für die Angestellten. Bei dem Fragebogen für die Angestellten konnte aufgrund von Fakten, wie Alter, Umzugszeitpunkt, Einkommen und familiärem Stand grundsätzliche Schlüsse gezogen werden.

Bei dem nun analysierten Fragebogen für die Studenten hat das Alter der Befragten eine eher untergeordnete Bedeutung, da sich hieraus für diese Diplomarbeit keine relevanten Schlüsse ableiten lassen. Der Vollständigkeit halber wurde jedoch auch dieser Punkt in den Fragenkatalog mit aufgenommen.

Von hoher Wichtigkeit ist jedoch die nun folgende 14. Frage. Hier lautet die Fragestellung: In welchem Land sehen Sie nach Studienabschluss Ihre erste Arbeitsstelle? Die gegebenen Antworten sind eindeutig, mögen aber den Leser dieser Diplomarbeit überraschen.

Aufgrund der bilingualen Ausbildung an niederländischen Universitäten in den Sprachen Deutsch und Niederländisch sowie Englisch und Niederländisch stünde einer Arbeitsaufnahme in den Niederlanden aus sprachlicher Sicht nichts im Wege. Durch die vereinheitlichten Bachelor- und Masterabschlüsse und der damit einhergehenden Vergleichbarkeit der Abschlüsse könnten die befragten Studenten nun barrierefrei eine Anstellung im Ausland anstreben. Daher ist es verwunderlich, dass 100 %, also alle befragten 60 Studenten, angeben, ihre erste Arbeitsstelle in Deutschland zu sehen.

Welche Rückschlüsse kann man nun durch die gegebenen Antworten der 14. Frage schließen? Zum Teil lässt sich an diesem Punkt die soziale Integration in der gewählten Universität beziehungsweise dem Studienland ableiten. Da nach Angabe der befragten Studenten weitaus mehr als 50 % der Studenten an den Universitäten Maastricht und Heerlen deutsche Staatsbürger sind, kommt ein Austausch mit den einheimischen Studenten kaum zustande.

Dies wird auch dadurch weiter forciert, dass keiner der an dieser Befragung teilnehmenden Studenten an seinem Studienort in den Niederlanden wohnt, sondern nach den Vorlesungen mit seinem PKW zu seinem Wohnort im nahen Deutschland zurückpendelt.

Dass ein Großteil der Vorlesungen in den Sprachen Deutsch und Englisch gehalten werden, ist für eine Förderung der Verbundenheit mit dem Studienort nicht als positiv zu bewerten. So ist die Beantwortung der 16. Frage durch die Probanden keine Überraschung. Alle 60 Teilnehmer geben an, ihre primären sozialen Kontakte nachwievor in Deutschland zu haben. Die Niederlande werden ausschließlich als Studienort genutzt.

Als positiv hinsichtlich der Wahrnehmung der Nationalgrenzen in der Euregio Maas-Rhein ist die Auswertung der Antworten der 15. Frage zu bewerten. Lediglich zehn der befragten Studenten nehmen die deutsch–niederländische Grenze nachwievor noch als Hindernis wahr. Die restlichen 50 Studenten fühlen sich durch den täglich nötigen Grenzübertritt nicht beschränkt. Die Arbeitsgemeinschaft Europäischer Grenzregionen der Europäischen Union möchte hinsichtlich der täglichen Grenzübertritte der Grenzpendler die zeitliche Umständlichkeit weiter verringern und gibt dazu den Hinweis eine separate Fahrbahn an Grenzübergängen für diese Personengruppe einzurichten. Um die PKW´s der Grenzpendler zu kennzeichnen, werden als Lösungsvorschlag spezielle Plaketten an den PKW´s vorgeschlagen (Arbeitsgemeinschaft Europäischer Grenzregionen 2003, 2012-08-02).

Dies zeigt, dass der Wegfall der aktiven Grenzkontrollen auf die Grenzgänger positive Effekte, wie z.B. auf die Zeitersparnis hat. Hierbei ist es fraglich, ob die Entwicklung des Grenzgängertums in dem beschriebenen Umfang ohne Öffnung der Grenzen innerhalb der Europäischen Union in dem beschriebenen Umfang überhaupt vonstattengegangen wäre.

Als Fazit stechen bei der Auswertung des Fragebogens für die Studenten folgende Aussagen beziehungsweise Erkenntnisse hervor. Eine enge soziale Bindung oder Integration an das Studienland beziehungsweise an die gewählte Universität ist nicht festzustellen. Vielmehr pendeln die Studenten täglich von ihrem Wohnort zu der Universität in Maastricht oder Heerlen. Nach Aussage der befragten Personen wird die Freizeit ausschließlich an ihrem Wohnort verbracht. Aus den vorhin beschriebenen Gründen wird vom Großteil der Probanden eine Wohnung in ihrer Heimatgemeinde gewählt.

Trotz der täglich zurückgelegten Pendelstrecke von bis zu 40 Kilometern und den damit einhergehenden Kosten für die Instandhaltung und des Betriebes des PKW´s, ist dies die kostengünstigere Alternative. Ebenfalls ist es ein Zeichen fehlender Identifikation mit dem Studienland, hegt kein Student die Absicht nach erfolgreichem Studienabschluss sich in dem gewählten Studienland die erste Arbeitsstelle zu suchen. 100 % der teilnehmenden Studenten fassen nach ihrem Abschluss eine Arbeitsstelle in Deutschland ins Auge.

Als wichtigen Punkt für diese Diplomarbeit ist die Aussage von 50 befragten Studenten zu werten, dass sie die Grenze nach dem Wegfall der aktiven Grenzkontrollen nicht mehr als Hindernis wahrnehmen.

6. Unterstützung der Grenzgänger durch die städtische Verwaltung, die IHK – Aachen und des Arbeitsamtes

„Die Regio Aachen bildet den deutschen Teil der Euregio Maas-Rhein. Sie ist ein freiwilliger Zusammenschluss der Kreise Aachen, Düren, Euskirchen, Heinsberg sowie der Stadt Aachen. Die zentrale Beratungsstelle zum Grenzgängertum in diesem Gebiet ist die Grenzgängerberatung der Regio Aachen." (Regio Aachen e.V. o. Datum, 2012-07-03).

Auszug aus einem persönlichen Interview mit Frau Christina Löhrer-Kareem, Leiterin der Grenzgängerberatung der Regio Aachen. Sie erwähnte Folgendes zur Thematik der Grenzgänger in der Euregio Maas-Rhein:

Die Anzahl der Grenzpendler im Gebiet der Euregio steigt in den letzten Jahren rasant an. Die Regio Aachen betreut jährlich ca. 2000 Personen in persönlichen Gesprächen – Tendenz steigend. Damit einhergehend steigt auch der Bedarf an Beratungen für diese Personengruppe. Dies rührt daher, dass es trotz zahlreicher Verbesserungen auf dem europäischen Arbeitsmarkt immer noch viele nationale Unterschiede gibt, die dem nicht informierten Grenzgänger Schwierigkeiten bereiten können. So ist auf nationale Besonderheiten zu achten, da zahlreiche Elemente der sozialen Sicherheit und Steuergesetzgebung noch nicht in ausreichendem Maße harmonisiert sind. Nach Meinung von Frau Löhrer-Kareem kommt dies dadurch zustande, weil die einzelnen Nationalstaaten in diesen Bereichen keine Kompetenzen an die EU abgeben wollen. Wobei das Ziel der EU im Sozialbereich keine Harmonisierung, sondern eine Koordinierung der Systeme darstellt.

„Neben der Hilfe auf kommunaler Ebene bietet auch die Europäische Union Hilfestellung durch EURES (EURopean Employment Services) an. EURES wurde im Jahr 1993 gegründet und ist ein Kooperationsnetz zwischen der Europäischen Kommission und den öffentlichen Arbeitsverwaltungen der EWR-Mitgliedstaaten (EU-Mitgliedstaaten plus Norwegen, Island und Liechtenstein) und anderen Partnerorganisationen. Auch die Schweiz wirkt an der EURES-Kooperation mit." (Europäische Kommission o. Datum, Rev. 2012-08-10, b).

EURES ist eine Internetplattform, auf der sich der Grenzgänger Informationen über Stellenangebote innerhalb Europas einholen können. So fungiert Eures als das europäische Portal zur beruflichen Mobilität.

„Das Ziel und die Aufgabe des EURES-Netzes ist es, Informationen, Beratung und Vermittlung (Abstimmung von Stellenangeboten und Arbeitssuche) für Arbeitskräfte und Arbeitgeber über Grenzen hinweg innerhalb der Europäischen Union und der Schweiz sowie generell für alle Bürger anzubieten, die vom Recht auf Freizügigkeit Gebrauch machen möchten." (Europäische Kommission o. Datum, Rev. 2012-08-10, b).

EURES ist jedoch mehr als nur ein Internetportal zur beruflichen Mobilität in Europa. EURES verfügt derzeit über ein Netzwerk von mehr als 850 EURES-Beratern, die in täglichem Kontakt mit Arbeitsuchenden und Arbeitgebern in ganz Europa stehen. In den europäischen Grenzregionen spielt das EURES-Netzwerk eine wichtige Rolle, insbesondere in Bezug auf die Vermittlung und Unterstützung bei der Lösung jeder Art von Problemen, die für Arbeitnehmer und Arbeitgeber im Zusammenhang mit grenzüberschreitenden Pendlerströmen entstehen können. Die gemeinsamen Ressourcen der EURES-Mitglieder und Partnerorganisationen bieten eine solide Grundlage für das EURES-Netz, um eine hohe Qualität der Dienste für Arbeitnehmer und Arbeitgeber zu sichern. So gibt es beispielsweise in Aachen zwei EURES – Berater, die sich um die Belange der Grenzgänger kümmern (Europäische Kommission o. Datum, Rev. 2012-08-10, b).

Von Relevanz in diesem Zusammenhang ist das Ergebnis des Fragebogens bzgl. der EURES-Beratung. Von den 63 befragten Arbeitnehmern hat keine befragte Person die Beratung durch einen Mitarbeiter des EURES Netzwerkes genutzt. Überraschend in diesem Zusammenhang ist ebenfalls, dass keine der befragten Personen das EURES-Netzwerk kannte, obwohl dieses bereits seit 1993 existiert. Insofern muss auf der einen Seite aus meiner Sicht dessen Nützlichkeit für die Hilfestellungen für die europäischen Grenzgänger und damit die Existenzgrundlage des EURES Netzwerkes angezweifelt werden. Auf der anderen Seite ist es folglich von Nöten, den Bekanntheitsgrad des EURES Netzwerkes in der Gesellschaft zu erhöhen.

Die IHK und die Arbeitsämter bieten ebenfalls monatliche Sprechstunden für deutsche Staatsbürger mit ausländischem Arbeitsstandort an. Diese Informationen beziehen sich auf

Themen, wie die Leistungsberatung für Grenzgänger und die Zulassung zu den belgischen und niederländischen Arbeitsmärkten bei Ausbildungsberufen.

7. Mediale Präsenz des Themas

Gerade in der Grenzregion, in der die tägliche Fahrt über die Grenze zum Alltag gehört, ist die Thematik beziehungsweise der Blick über die nationalen Grenzen vor allem in den Printmedien sehr präsent. In regelmäßigen Abständen finden sich vor allem in den Regionalen Zeitungen „Aachener Zeitung" und „Aachener Nachrichten" Berichte über aktuelle rechtliche Neuerungen, die das Thema betreffen sowie Berichte über infra-strukturelle Gegebenheiten. „….steht die Blechlawine am frühen Abend - wenn der berufliche Rückreiseverkehr aus Aachen Richtung Kelmis rollt - teils bis zur Einmündung Ronheider Berg…".(ESSER, R.. 2010, 2012-06-23). Ebenso informiert die Zeitung die Leser über die Termine der regelmäßigen Grenzgänger–Informationsveranstaltungen.

Da die nationalen Arbeitsmärkte im Untersuchungsgebiet nicht, wie in vergangenen Zeiten in Grenzregionen strikt voneinander getrennt und abgeschottet sind, sondern sich heutzutage gegenseitig beleben und ein wirtschaftlicher wie auch wissenschaftlicher Austausch stattfindet, erscheinen in regelmäßigen Abständen Berichte in der Aachner Zeitung und den Aachener Nachrichten über den nachbarschaftlichen Arbeitsmarkt der Niederlande und von Belgien.

Ebenso werden im lokalen Fernsehen des WDR die Thematik und Probleme der Grenzgänger in der Region aufgegriffen und Berichte gesendet. So wird z.B. im WDR-Aachen regelmäßig in der Sendung „Die Aktuelle Stunde" berichtet, wenn neue Gesetze beziehungsweise Regelungen, die die deutschen Grenzpendler betreffen, in Kraft getreten sind und wie sich dies auf den Alltag der betroffenen Personen auswirkt.

8. Infrastrukturelle Gegebenheiten

Nach dem Ende des zweiten Weltkrieges bis zum Wegfall der Grenzkontrollen zu den Niederlanden und Belgien beschränkte sich das Arbeitsangebot für deutsche Bürger auf das deutsche Staatsgebiet. Dies hat sich in den letzten Jahren in rasantem Tempo verändert. Um die infrastrukturellen Gegebenheiten an die neue Situation anzupassen, wurden von offizieller Seite zahlreiche Maßnahmen angestoßen und umgesetzt. Da diese Maßnahmen nicht an einer Grenze „Halt" machen und grenzüberschreitend sind, wird darauf verzichtet, einzelne Projekte eines Staates vorzustellen, sondern es werden ausgewählte infrastrukturelle Projekte in einen grenzüberschreitenden Kontext gesetzt.

Die erste Verbesserung für die Pendler ergab sich aus dem Wegfall der Grenzkontrollen. Durch die Aufgabe der Grenzkontrollen wurde ebenfalls das bauliche Nadelöhr der Grenzübergänge auf den Autobahnen A4/A76 in die Niederlande und der A 44/E40 nach Belgien verbessert. Hierdurch war es nun seit 1996 für Arbeitnehmer und Studenten möglich, ins Ausland ohne erheblichen Zeitverlust zu pendeln. Ein weiterer Schritt war der Ausbau des grenzüberschreitenden ÖPNV und des SPNV. Beispielsweise ist eine Bahnverbindung, die Euregio-Bahn, geschaffen worden, welche Aachen ohne Umsteigen mit den niederländischen Städten Heerlen und Maastricht verbindet (Aachener Verkehrsverbund GmbH 2012, 2012-09-18).

Auch wird den Bürgern und den Bürgerinnen durch den Einsatz der seit dem Jahr 2009 neu installierten Euregio Bahn ermöglicht, von deutschen Grenzgemeinden wie Herzogenrath, Alsdorf und Würselen, aber auch von weiter von den Grenze entfernten Städten, wie Eschweiler und Stolberg ohne Umsteigen in die Niederlande zu gelangen.

Außerdem sind grenznahe Orte auf belgischem Staatsgebiet durch eine SPNV - Verbindung an Aachen erschlossen worden. Auf die tatsächliche Nutzung dieses Angebotes durch die verschiedenen befragten Personengruppen bin ich in den Kapiteln 5.3 und 5.5 näher eingegangen.

Durch die Schaffung der Bahnverbindung Aachen – Frankfurt mit einem ICE und die Verbindung Aachen–Lüttich–Paris mit dem Thalys wurde eine verkehrliche Achse geschaffen, die vor allem durch Berufstätige im Dienstleistungssektor genutzt wird.

Dass diese infrastrukturellen Maßnahmen die Grenzpendlerströme positiv beeinflussen, zeigen folgende Zahlen. Lag die Zahl der Grenzpendler mit dem Herkunftsland Belgien im Jahr 2000 noch bei 2.146 Personen, so wuchs dieser Personenkreis bis zum Jahr 2005 bereits auf 5.398 Personen an. Der Pendlerstrom aus den Niederlanden nach Deutschland stieg in dem gleichen Zeitraum von 4.559 auf 9.105 Personen an (HEINING, J. & MÖLLER, S. 2009, 2).

Wie obig in der Einleitung beschrieben, sind von diesen 9.105 Personen ca. 41% deutsche Staatsbürger.

Ein weiterer Punkt, weshalb in den nächsten Jahren der Grenzverkehr in der StädteRegion Aachen und den Niederlanden weiter ansteigen könnte, ist die Verschmelzung von Gewerbe- beziehungsweise Dienstleistungsgebieten auf niederländischem und deutschem Grenzgebiet, wie unter anderem das Avantis Gewerbegebiet.

Dieses Gewerbegebiet liegt sowohl auf niederländischem als auch auf dem deutschen Staatsgebiet, wobei die Infrastruktur (Energieversorgung, Kommunikation und verkehrliche Anbindung) von der niederländischen Seite installiert wurde (Avantis-European Science Buisiness Park 2011, 2012-07-02).

Interessant für die dort beheimateten Technologie Firmen und Interessenten ist vor allem, dass ein Gebäude sowohl über eine niederländische als auch über eine deutsche Adresse verfügt.

Ziel des Technologie- und Gewerbeparks ist eine Verzahnung von Forschung und Produktion. „There's been a smooth transfer of technology from research to business here. These were the comments of the former economics minister of North- Rhine Westphalia, Christa Thoben, concerning the number of participants in the "Objective 2 Programme", set up to encourage cooperation between research and business." (Avantis-European Science Buisiness Park 2011, 2012-07-02).

Die StädteRegion Aachen ist neben den Städten Saarbrücken, Karlsruhe und Freiburg eine der wenigen Regionen Deutschlands, in die täglich zwischen 2.000 und 4.999 Grenzgänger aus dem nahen Ausland einpendeln (Institut für Arbeitsmarkt- und Berufsforschung 2009, 1).

Da die Tendenz weiter ansteigend ist, werden von öffentlicher Seite Maßnahmen getroffen, um die infrastrukturellen Gegebenheiten weiter zu verbessern und auszubauen. Die genaue regionale Verteilung der täglich nach Deutschland „einpendelnden" Grenzgänger ist folgender Abbildung zu entnehmen.

Abb. 3

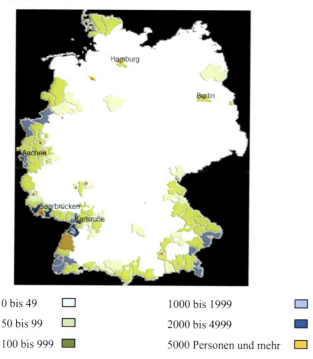

0 bis 49	□	1000 bis 1999	■
50 bis 99	□	2000 bis 4999	■
100 bis 999	■	5000 Personen und mehr	■

(Institut für Arbeitsmarkt- und Berufsforschung 2009, 1)

Wegen der in den letzten Jahren weiter verbesserten und ausgebauten Infrastruktur als auch einem Anstieg des deutschen Lohnniveaus im Vergleich zum benachbarten Ausland ist davon auszugehen, dass die Grenzpendlerströme von den Niederlanden und Belgien nach Deutschland in Zukunft weiter ansteigen werden.

Ein weiterer Gesichtspunkt für einen Anstieg von Grenzpendlern in der Euregio Maas-Rhein sind die kaum vorhandenen Sprachhemmnisse. Der größte Teil der täglich nach Deutschland „einpendelnden" Arbeitnehmer sind deutsche Staatsbürger. Die „einpendelnden Belgier" leben im Gebiet der Deutschsprachigen Gemeinschaft und haben Deutsch als Muttersprache. Niederländer im deutsch-niederländischen Grenzgebiet sind aufgrund der Nähe zu Deutschland und der vielen Gemeinsamkeiten der beiden Sprachen ebenfalls gut mit der deutschen Sprache vertraut, sodass sich hier ebenfalls keine oder nur geringe Sprachhemmnisse ergeben. Anders sieht dies z.B. im Vergleich mit polnischen oder tschechischen Grenzpendlern aus. Diese sind meist nicht der deutschen Sprache in gewünschtem Umfang mächtig und verfügen über keine beziehungsweise nur über eine geringe Berufsausbildung.

Abb. 4

Herkunftsland	Ausbildung unbekannt	Ohne Berufsausbildung	Mit Berufsausbildung	Mit Fach-/ Hochschulabschluss
Belgien	12,1	13,2	68,3	16,4
Dänemark	23,7	8,4	48,9	18,9
Frankreich	13,8	32,6	50,2	3,6
Niederlande	15,6	14,9	59,9	9,6
Polen	31,5	25,8	29,8	12,9
Tschechische Republik	21,0	30,9	45,2	2,9
Insgesamt	14,3	27,4	52,4	6,0

(HEINING, J. & MÖLLER, S. 2009: 5)

Das hat wiederum auch Auswirkungen auf den in Deutschland ausgeübten Beruf. „Mit Ausnahme der Grenzpendler aus Polen und Tschechien war Bürofachkraft unter den Pendlern aus nahezu allen anderen Herkunftsländern der am meisten ausgeübte Beruf. Die polnischen Grenzpendler waren dagegen hauptsächlich im Agrarsektor tätig, während der Bereich Gastronomie für die Grenzpendler aus Tschechien das größte Betätigungsfeld bot." (HEINING, J. & MÖLLER, S. 2009: 6).

Diese Aussage wird auch durch die Auswertung des Fragebogens bestätigt. Von 63 befragten Angestellten üben 56 Personen einen Beruf als Bürofachkraft aus. Bezeichnend in diesem Zusammenhang ist ebenfalls die Gewichtung des Ausbildungsgerades der nach Deutschland „einpendelnden" Personen. Von den 63 befragten Personen haben vier Angestellte einen Realschulabschluss. Drei Angestellte haben die Schule mit dem Abitur verlassen. Das Gros der Angestellten, die täglich von Belgien oder den Niederlanden nach Deutschland „einpendeln", 56 Personen, verfügen über einen Hochschulabschluss. Dies wirft die Frage auf, weshalb gerade für hochqualifizierte Arbeitnehmer das „Grenzpendeln" nach Deutschland so attraktiv erscheint.

Ebenfalls geht mit der obig gestellten Frage einher, warum diese hochqualifizierten Arbeitnehmer die mit dem Wohnungsort im nahen Ausland einhergehenden gestiegenen Mobilitätskosten in Kauf nehmen und warum ein Wohnortwechsel nach Belgien oder den Niederlanden für gering qualifizierte Arbeitnehmer oder Personen ohne Berufsausbildung nicht attraktiv erscheint. Ein Grund für die marginale Anzahl von gering qualifizierten Arbeitnehmern, die nach Deutschland einpendeln, kann in den stetig abnehmenden Stellenangeboten im produzierenden Gewerbe gefunden werden.

9. Entstehung von Netzwerken

Zur Unterstützung der Arbeitnehmer wurden sowohl von staatlichen, kommunalen und EU-Organen Netzwerke geschaffen. Diese Netzwerke sollen grenzüberschreitend in der Euregio Maas-Rhein sein, Hürden überbrücken und Kooperationen fördern. „Die unterschiedlichen Rechtssysteme der Länder stellen mitunter Hindernisse dar. So hat die Euregio eine Grenzgänger-Task Force gegründet, deren Ziel es ist, die wichtigsten Mobilitätshemmnisse abzubauen oder zumindest zu mildern. Die Task Force arbeitet eng mit einem Netzwerk aus Experten in den Bereichen Steuern, Arbeitsrecht und Sozialversicherung zusammen." HEUKEMES, N. 2010, 2012-08-14, c).

Im Rahmen der europäischen Regionalpolitik wurde im Jahr 1989 das Programm „INTERREG" von der Europäischen Union aufgelegt. „Es wurde im Rahmen der europäischen Regionalpolitik 1989 von der Europäischen Kommission mit dem Ziel ins Leben gerufen, die grenzüberschreitende Zusammenarbeit in der EU zu fördern und zu vertiefen. Hierfür werden für den Zeitraum zwischen 2007 und 2013 (INTERREG IV) Fördermittel in Höhe von 7,752 Milliarden Euro bereitgestellt." (VERHEYEN, S. o. Datum, 2012-07-03).

Des Weiteren wurden bei einer Strukturreform dem Euregiorat mehr Kompetenzen zugesprochen. Das neugewählte Präsidium tagte zum ersten Mal am 28.09.2010 in Hasselt und informierte die Öffentlichkeit über sein zukünftiges Arbeitsfeld. Dieses Tätigkeitsfeld ist dadurch definiert, konkrete Empfehlungen zur strukturellen Gestaltung der grenzübergreifenden Zusammenarbeit und zum Ausbau der Aktivitäten und Programme zu formulieren. Das Gremium hat aber nur eine beratende Funktion inne und verfügt nicht über eine politische Kontrolle der Mittel aus dem EU Topf (Stichting Euregio Maas-Rhein o. Datum, 2012-07-03, c).

Wie in Kapitel 5 näher beschrieben, gibt es das EURES – Netzwerk. Dieses europäische Netzwerk verfügt über Berater-Stützpunkte in der gesamten Europäischen Union. Die Aufgabe des EURES–Netzwerkes ist die Vermittlung Arbeitssuchender auf vakante Arbeitsstellen in einem anderen EU Mitgliedsland. Gleichzeitig nehmen die EURES-Mitarbeiter in den ortsansässigen Arbeitsagenturen eine beratende Funktion wahr.

10. Der Immobilienmarkt

10.1 in Deutschland

Aufgrund der hohen Anzahl an akademischen Berufen und Arbeitsbereichen im höheren Dienstleistungssektor ist die Kaltmiete von Wohnungen und Häusern in der StädteRegion Aachen gegenüber dem bundesdeutschen Durchschnitt leicht erhöht Diese Tatsache ist auf den Marktmechanismus von Angebot und Nachfrage zurück zu führen. Der durchschnittliche Mietpreis für eine 30-Quadratmeter-Wohnung liegt in der Stadt Aachen zurzeit bei ca. 6,55 EUR/m². Für eine 60-Quadratmeter-Wohnung liegt der Mietpreis bei 6,40 EUR/m². Der durchschnittliche Preis für die Miete einer Wohnung mit einer Fläche von ca. 100 m² in Aachen liegt zurzeit bei 6,05 EUR/m².

Es wird prognostiziert, dass die momentane Realisierung des „Campus" Projektes durch den Bau und Liegenschaftbetrieb NRW, kurz BLB, und der RWTH-Aachen einen weiteren starken Anstieg der Wohnungsmieten in Aachen und in den Umlandgemeinden zur Folge haben wird. Auf einer Fläche von ca. 800.000 m² sind Labore, Institute und Verwaltungsgebäude für über 10.000 Menschen geplant beziehungsweise in der Fertigstellung. Die hohe Anzahl an neu entstehenden Arbeitsplätzen erhöht gleichzeitig die Nachfrage nach Wohnungsraum.

Auf der nachfolgenden Abbildung werden die Ausmaße des geplanten „Campus-Melaten" ersichtlich. Für diesen Campus Abschnitt ist die Planungsphase bereits erfolgreich absolviert und die ersten sechs Cluster sind bereits fertig gestellt.

Abb. 5

(competitionline Verlags GmbH 2007, Rev. 2010-08-31)

Der Campus Abschnitt „Erweiterung – Campus West" mit acht weiteren Clustern befindet sich derzeit noch in der Planungsphase. Für diesen Abschnitt ist der Baubeginn auf das Jahr 2013 mit Fertigstellung im Jahr 2015 terminiert.

Ein Cluster auf dem neu entstehenden Campus der RWTH-Aachen ist ein Verbund von universitären wie auch privatwirtschaftlichen Forschungseinrichtungen an einem Standort. Bei diesem System werden erhebliche Kosten für den Bau der Gebäude und der Instanthaltungskosten an die privaten Partner übertragen. Der Zweck eines Clusters ist der schnelle Transfer von Wissen und Know How zwischen den involvierten Partnern. Als Beispiel ist das E.ON Energy Research Center zu nennen. In diesem Gebäude auf dem Campus Melaten findet eine enge Kooperation zwischen dem Energieversorgungsunternehmen E.ON und der RWTH-Aachen statt. „Das E.ON Energy Research Center ist durch seine Zielsetzung und auch durch seine Organisationsstruktur von Beginn an darauf ausgerichtet, weit über den „Tellerrand" fachspezifischer Forschungsinhalte hinauszuschauen und insbesondere größere systemtechnische Fragestellungen zu untersuchen. Formal sind die fünf Professuren des E.ON

Energy Research Centers über vier Fakultäten verteilt und in deren Forschung und Lehre mit eingebunden." (RWTH Aachen o. Datum, Rev. 2011-09-07, a).

Die Tendenz der kontinuierlich ansteigenden Mietpreise auf dem hiesigen Wohnungsmarkt ist auch beim Erwerb von Eigentum zu beobachten. So liegt der Bodenrichtwert in der Nähe des neu entstehenden Campusgeländes der RWTH – Aachen bei ca. 290, 00 – 380, 00 €/m². Selbst in den Umlandgemeinden, wie z.B. Würselen oder Herzogenrath liegt der durchschnittliche Bodenrichtwert bei 230 - 280 €/m² (Der Obere Gutachterausschuss für Grundstückswerte im Land NRW 2012, 2012-07-03).

Der vergleichbare Bodenrichtwert liegt dagegen in der grenznahen Region im belgischen Eupen bei ca. durchschnittlich 62 €/m² (HEUKEMES, N. 2012, 2012-08-14, d). So ist es nicht verwunderlich, dass es zahlreiche deutsche Staatsbürger zum Wohnen ins nahe gelegene Ausland zieht, da der Baugrund dort wesentlich günstiger ist.

Trotz der hohen Bodenpreise für Bauland in der StädteRegion Aachen ist in Zukunft ein weiterer Anstieg zu erwarten, da die Nachfrage in den nächsten Jahren aufgrund der oben beschriebenen Faktoren weiter auf hohem Niveau liegen wird. Im Jahr 2010 wurden in der StädteRegion Aachen 5.437 Objekte mit einem Gesamtumsatz von 906,2 Millionen Euro beurkundet. Im darauf folgenden Jahr 2011 stieg dieser Gesamtumsatz um 18,4 % auf 1.073,2 Millionen Euro bei 6.071 beurkundeten Objekten an (Der Gutachterausschuss für Grundstückswerte in der Städteregion Aachen 2011, 17).

10.2 In den Niederlanden

Bis zum Jahr 1997 konnte ein starker Zuzug von deutschen Staatsbürgern in die Niederlande registriert werden. Bis zu diesem Zeitpunkt lag der Kaufpreis einer Immobilie in den Niederlanden bis zu ¼ unter dem Marktpreis einer vergleichbaren Immobilie in Deutschland. Daher war der Umzug ins nahe Ausland einhergehend mit dem dortigen Erwerb einer Immobilie eine gute Alternative und Investition, gerade für junge Familien.

Diese Tatsache hat sich in den letzten Jahren aber grundlegend geändert. Seit der Einführung der Grundsteuer in den Niederlanden auf der Basis von Verkehrswerten und den damit verbundenen erheblich erhöhten Ausgaben wird es gerade für die vorhin erwähnten jungen Familien immer schwieriger, das erworbene Eigenheim in den Niederlanden zu halten.

Das Straßenbild des bis vor einigen Jahren bei deutschen Familien als Wohnort sehr beliebten niederländischen Grenzortes Vaals spiegelt dem Betrachter die gesamte Problematik wider. Gab es in der Vergangenheit in der Gemeinde Vaals zahlreiche Straßenzüge beziehungsweise Neubaugebiete, die fast ausschließlich von deutschen Bürgern bewohnt wurden, fallen diese Gebiete nun durch Leerstand der Immobilien auf. Offensichtlich wird diese Situation durch die zahlreichen Maklerschilder, die in manchen Straßen an fast jedem dritten Haus zu finden sind.

Problematisch wird der Rückzug der deutschen Bürger in ihr Heimatland auch für die niederländischen Kommunen. Durch den eklatanten Verlust der hohen Anzahl dieser Hauseigentümer verzeichnen die Kommunen im niederländischen Grenzgebiet einen erheblichen Rückgang an Lohnsteuereinnahmen. Ebenfalls ergeben sich durch den Wegzug zahlreicher deutscher Bürger Probleme für den ortsansässigen Einzelhandel in den niederländischen Grenzregionen. Dieser hat durch den Wegzug mit einem Umsatzrückgang zu kämpfen.

Die soeben beschriebenen Gründe, weshalb deutsche Familien vor einigen Jahren in die Niederlanden verzogen, kehren sich nun in entgegengesetzter Grenzrichtung, also nach Deutschland, um. Waren in der Vergangenheit die Ursachen für einen Umzug deutscher Familien in die Niederlande und nach Belgien bei weitaus geringeren Kosten für den Erwerb einer Immobilie zu finden, so ist diese Tatsache durch die Einführung der Grundsteuer auf Basis von Verkehrswerten in den Niederlanden und den gestiegenen finanziellen Belastungen nicht mehr existent.

In zahlreichen niederländischen Grenzregionen ist nun ein entgegengesetzter Trend zu beobachten. Aufgrund der höheren Ausgaben für Grundbesitz in den Niederlanden und den geringeren Bodenpreisen in deutschen ländlichen Grenzregionen, wie z.B. der Stadt Kalkar, ist ein starker Zuzug von niederländischen Bürgern in diese deutsche Grenzregion wahrzunehmen. Dort entstehen zurzeit Neubaugebiete, die zu einem Großteil von niederländischen Staatsbürgern bewohnt werden (DISTELKAMP, L. 2008, Rev. 2008-07-25, b).

Dies hat wiederum positive Effekte für die betreffenden deutschen Gemeinden. Zum einen steigt durch die mehr eingenommene Lohnsteuer die fiskalen Einnahmen für die Gemeinde. Zum anderen erhöht sich durch die Bevölkerungszunahme die Kaufkraft für den ortsansässigen Handel und die Gastronomie (DISTELKAMP, L. 2008, Rev. 2008-07-25, a).

Folglich kehrt sich der tägliche Grenzpendlerstrom der Grenzgänger von den Niederlanden nach Deutschland in die entgegengesetzte Richtung um.

10.3 In Belgien
Um einen umfassenden Überblick und Kenntnisse des Immobilienmarktes im „Dreiländereck" zu erhalten, muss der belgische Immobilienmarkt mit in Betracht gezogen werden.

Aufgrund der räumlichen Nähe zu Deutschland und dem Oberzentrum Aachen sowie dem Wegfall der aktiven Grenzkontrollen ist speziell das Gebiet der Deutschsprachigen Gemeinschaft (DG) in Belgien für Grenzgänger attraktiv. Da z.B. das Lütticher Becken ca. 70 Kilometer von der deutschen Grenze entfernt ist, ist dieses Gebiet als Wohnort für Grenzgänger nicht in den Maßen so attraktiv, wie das belgische Gebiet der Ostkantone um Eupen und Lontzen, welches lediglich ca. 15 Kilometer von der Aachener Stadtgrenze entfernt liegt und in wenigen Autofahrminuten erreichbar ist. Aus diesem Grund wird bei der Analyse und der Darstellung des Immobilienmarktes in Belgien ausschließlich auf das Gebiet der beiden Ostkantone Eupen und Lontzen näher eingegangen. „Die Anfahrtszeit ist natürlich nicht nur von der Entfernung, sondern auch vom Streckenausbau, dem Verkehrsmittel, dem Verkehrsaufkommen, der Lage des Grenzübergangs usw. abhängig." (MOHR, B. 1986, 83).

Die Region der Deutschsprachigen Gemeinschaft ist ebenfalls für deutsche Staatsbürger als Wohnort attraktiv, die täglich zum Arbeiten ins nahegelegene Aachen pendeln. Deutsche Staatsbürger stellten im Jahr 2008 mit 11.109 Personen ca. 15 % der Gesamtbevölkerung der

Deutschsprachigen Gemeinschaft dar. Zum Vergleich wohnen nur 731 niederländische Staatsbürger in dieser belgischen Grenzregion. „Das Wachstum der ausländischen Bevölkerung verlief dabei seit 1990 keineswegs linear. Unter der Annahme, dass viele Deutsche nach Belgien ziehen, um hier vergleichsweise günstige Immobilien zu erwerben, und mit Blick auf den stärkeren Zuzug in den Jahren 1990-92 und 2005-07, liegt die Vermutung nahe, dass der Zuzug von wirtschaftlichen Größen, wie etwa der Konjunktur oder dem Hypothekenzins beeinflusst wurde." (HEUKEMES, N. 2009, 18).

Ausgehend vom Jahr 1985 bis zum Jahr 2011 hat sich der durchschnittliche Preis für einen Quadratmeter Bauland z.B. in der Region Eupen versechsfacht. Lag der Preis pro Quadratmeter im Jahr 1985 noch bei einem durchschnittlichen Wert von 14 Euro, so stieg dieser Preis bis zum Jahr 2011 auf 62 Euro (http://www.dgstat.be). Stellt man dem aktuellen Preis für einen Quadratmeter Bauland in Eupen von 62 Euro z.B. den Preis für einen Quadratmeter deutscher Gemeinden in der Euregio Maas-Rhein gegenüber, so wird ersichtlich, weshalb ein Immobilienkauf für deutsche Familien im belgischen Grenzgebiet lohnend erscheint. Für ein vergleichbares Grundstück im deutschen Untersuchungsgebiet zahlt man in Würselen beziehungsweise Kohlscheid, wie bereits beschrieben, bis zu 260 Euro pro Quadratmeter, das dem vierfachen Preis des belgischen Bodenrichtwertes entspricht (Der Obere Gutachterausschuss für Grundstückswerte im Land NRW 2012, 2012-07-03).

Diese stetig wachsende Beliebtheit und Nachfrage nach Immobilien in der Deutschsprachigen Gemeinschaft lässt sich durch die jährlichen Transaktionen, d.h. der getätigten Verkäufe belegen. Hierbei wird als Beispiel die Gemeinde Eupen herangezogen, da sich dort ein Großteil der deutschen Staatsbürger ansiedelt. Durch diese bei den Deutschen beliebte Wohnregion einhergehend mit der erhöhten Nachfrage ergibt sich, im Vergleich zum Rest des Gebietes der Deutschsprachigen Gemeinschaft, ein erhöhter Bodenrichtwert von ca. 100 % (HEUKEMES, N. 2012, 2012-08-14, d).

Bei der nachfolgenden Auswertung der Bodenpreisentwicklung im Untersuchungsgebiet sind die Transaktionen in drei Rubriken unterteilt: Der normalen Wohnhäuser, der Villen und der Baugrundstücke. Der stetige Anstieg der Nachfrage bezieht sich wiederum auf den Zeitraum von 1985 bis 2011. Im Anfangsjahr 1985 wurden 67 Verkäufe von normalen Häusern durchgeführt. Dieser Wert steigerte sich bis zum Jahr 2004 auf jährlich 100 Verkäufe. Im Jahr 2011 pendelten sich diese Transaktionen auf eine Summe von 89 ein. In der folgenden Abbildung sind die Verkaufsaktivitäten für die „normale Wohnhäuser" tabellarisch nach Jahren aufgeführt.

Abb. 6

Jahr	Transaktionen	Gesamtpreis (€)	Gesamtfläche (m²)	ø –Preis(€)
1985	67	3.114.620	24.470	46.487
1986	97	4.041.218	61.476	41.662
1987	87	4.561.821	62.556	52.435
1988	71	2.914.432	33.550	41.048
1989	64	3.458.464	34.181	54.039
1990	71	3.991.203	34.685	56.214
1991	79	4.177.577	45.725	52.881
1992	77	4.180.874	33.169	54.297
1993	89	5.630.397	38.628	63.263
1994	76	5.538.532	32.995	72.875
1995	85	6.214.163	96.364	73.108
1996	64	4.729.683	25.555	73.901
1997	78	6.307.872	33.192	80.870
1998	83	6.919.620	33.758	83.369
1999	84	7.693.639	38.497	91.591
2000	63	6.300.415	27.306	100.007
2001	84	7.408.176	44.845	88.193
2002	86	8.577.590	41.238	99.739
2003	83	8.663.557	41.383	104.380
2004	100	10.453.429	53.338	104.534
2005	77	9.730.963	37.580	126.376
2006	84	11.399.650	45.465	135.710
2007	85	11.335.520	36.246	133.359
2008	78	12.674.339	53.619	162.492
2009	84	13.576.295	44.023	161.623
2010	77	12.642.980	43.851	164.195
2011	89	15.309.131	41.792	172.013

(Heukemes, N. 2012, 2012-08-14, d).

Aus der Tabelle wird ebenfalls die Preisentwicklung der Häuser ersichtlich. Dieser starke Preisanstieg von durchschnittlich 46.000 Euro im Jahr 1985 bis durchschnittlich 172.000 Euro im Jahr 2011 für ein „normales Haus" ist vor allem der stetig gestiegenen Nachfrage geschuldet.

Bei den verkauften Villen in der Eupener Region lässt sich dieser Trend der ansteigenden Transaktionen ebenfalls belegen. Wurde im Jahr 1985 lediglich ein Villenverkauf in der Eupener Region getätigt, so stiegen die Verkäufe im Jahr 2010 auf 18 beziehungsweise im Jahr 2011 auf 13. Diese Zahlen belegen eine wachsende Nachfrage nach den beschriebenen Immobilienarten im belgischen Untersuchungsgebiet.

Jedoch entwickelten sich die Verkaufserlöse für Villen nicht in den Maßen wie bei den „normalen Häusern". Lag der durchschnittliche Villenverkaufserlös im Jahr 1985 bei 120.000 Euro, so stieg er bis zum Jahr 2011 auf lediglich 190.000 Euro an. Insbesondere die Jahre 2000, 2001 und 2004 zeigen Abweichungen in der Statistik mit Ausschlägen bis 320.000 Euro.

Dies bestätigt die vorhin getätigte Annahme, dass vorwiegend junge Familien mit noch nicht großen angesparten Vermögenswerten einen Hauskauf im untersuchten Gebiet der Deutschsprachigen Gemeinschaft tätigen, da ansonsten die Nachfrage höher und dementsprechend die Preise in diesem Immobiliensegment signifikanter angestiegen wären.

Die Transaktionen bei den Baugrundstücken spiegeln ebenfalls nicht den Trend nach einer erhöhten Nachfrage wider. Jedoch sind hier nicht die Gründe bei vermindertem Interesse zu suchen, sondern bei restriktiveren Vorgaben durch die öffentlichen Verwaltungen und Einschränkungen an ausgewiesenen Baugebieten. 1985 wurden in der Eupener Region 61 Baugrundstücke verkauft. Zwischenzeitlich stieg diese Zahl im Jahr 1994 auf 112 Verkäufe. Der aktuellste Wert vom Jahr 2011 liegt bei 54 Transaktionen. Bei diesen 54 Transaktionen von Baugrundstücken wurde eine Gesamtfläche von 58.406 m² veräußert. D.h., ein durchschnittliches neu erschlossenes Baugrundstück hat eine Fläche von ca. 1.082 m² (HEUKEMES, N. 2012, 2012-08-14, d).

Die Diskrepanzen zwischen dem deutschen Bodenrichtwert in der Aachener und der Eupener Region werden ersichtlich, wenn man die durchschnittliche verkaufte Grundstücksfläche in Eupen mit den aktuellen Preisen pro Quadratmeter hinterlegt und dieses Ergebnis mit den deutschen Nachbargemeinden vergleicht.

Für die beschriebene Grundstücksfläche von 1.082 m² muss ein Bauherr in Eupen zzgl. Abgaben und Erschließungskosten ca. 67.000 Euro bezahlen. Für ein Grundstück in vergleichbarer Größe werden z.B. in Würselen bei einem Bodenrichtwert von 260 Euro jedoch ca. 280.000 Euro zzgl. Abgaben und Erschließungskosten für den Käufer fällig (Der Obere Gutachterausschuss für Grundstückswerte im Land NRW 2012, 2012-07-03). Berücksichtigt man neben den Grundstückskosten noch Abgaben wie Grunderwerbsteuer, Notar- und Maklergebühren, so summiert sich dieser Betrag auf ca. 310.000 Euro für lediglich die gleiche Baugrundstücksgröße.

11. Die steuerliche Behandlung der Grenzgänger

Die steuerlichen Belange und Formalitäten sind gerade für Grenzgänger von Interesse, da sich für die betroffenen Bürger hieraus vorab die Frage stellt, ob die Aktivität als Grenzgänger finanziell attraktiv ist. Daher wurde dieser Aspekt mit in die vorliegende Arbeit aufgenommen.

Die steuerliche Behandlung der Bürger obliegt in der Europaischen Union dem jeweiligen Mitgliedstaat. Dieses Vorgehen erfordert von den Bürgern ein hohes Maß an Informationsbedarf und Eigeninitiative. Vor der Aufnahme einer Tätigkeit als Grenzgänger müssen von den Bürgern zahlreiche Informationen eingeholt werden, um eine Doppelbesteuerung zu vermeiden. Fragen, die häufig gestellt werden, sind: An welches Land muss die Lohnsteuer abgeführt werden? Kommen Doppelbesteuerungen auf den Arbeitnehmer zu?

Als Beispiel wird exemplarisch die Besteuerung eines Grenzgängers im deutsch-belgischen Grenzgebiet dargelegt. Um eine Doppelbesteuerung zu vermeiden, müssen formelle Kriterien von den Grenzgängern eingehalten werden. „Besteuerung im Wohnsitzstaat, wenn Arbeitsstätte und Wohnsitz in der Grenzzone liegen (Liste der Gemeinden auf beiden Seiten der Grenze in einer Entfernung bis zu 20 km von der Grenze), andernfalls Steuerabzug an der Quelle" (European Parliament 1997, 2012-07-16). Dieses bilaterale Abkommen zwischen Deutschland und Belgien im Jahr 1967 legt bis zum heutigen Zeitpunkt den räumlichen Rahmen für die aktuellen Besteuerungspraktiken fest.

Eine Zuständigkeit für die gesamte Europäische Union durch europäische Institutionen ist nicht existent. „Da es keine spezifische gemeinschaftliche Zuständigkeit gibt, sind für die steuerliche Behandlung der Grenzgänger ausschließlich die bilateralen Steuerabkommen maßgebend, die die europäischen Staaten zur Vermeidung der Doppelbesteuerung transnationaler Einkommen geschlossen haben." (European Parliament 1997, 2012-07-16).

Für das erzielte Einkommen der Grenzarbeit können somit mehrere Staaten ihre Ansprüche geltend machen. Wohnt der Grenzgänger jedoch in einem klar definierten Grenzgebiet, wird die Steuer im „Wohnland" erhoben. Liegt der Wohnsitz des Grenzgängers außerhalb des definierten Grenzradius von 20 Kilometern, wird die Quellensteuer in dem Land erhoben, wo der Grenzgänger seinen Arbeitsplatz hat. „Dabei behält sich der Wohnsitzstaat das Recht vor, das inländische Einkommen des Betroffenen nach dem Steuersatz zu besteuern, der dem Gesamteinkommen, d.h. einschließlich des transnationalen Einkommens, entspricht." (European Parliament 1997, 2012-07-16).

Das im Jahr 1959 geschlossene bilaterale Steuerabkommen zwischen Deutschland und den Niederlanden weist signifikante Diskrepanzen zu dem beschriebenen Abkommen zwischen Deutschland und Belgien auf. Das Abkommen zwischen Deutschland und den Niederlanden sieht vor, dass der Grenzgänger in dem Land besteuert wird, in dem er einer Beschäftigung nachgeht. In den Niederlanden können die dort arbeitenden Grenzgänger nur Steuerermäßigungen in Anspruch nehmen, wenn sie in den Niederlanden mehr als 90% ihres Einkommens erwirtschaften. „Besteuerung im Quellenstaat. Die familienrechtliche Situation des Grenzgängers wird nur dann berücksichtigt, wenn mindestens 90% seines weltweit erzielten Einkommens (das 90% des Gesamteinkommens des Haushalts betragen muß, wenn der Grenzgänger verheiratet ist) aus Quellen stammen, die im Quellenstaat besteuert werden." (European Parliament 1997, 2012-07-16).

Eine weitere Problematik, die sich bei der Besteuerung von Grenzgängern stellt, ist die Nutzung des vom Arbeitgeber zur Verfügung gestellten Firmen PKW´s. Arbeitet der Grenzgänger in Deutschland und hat seinen Wohnsitz in den Niederlanden, ist es ihm untersagt, den Firmen PKW zu privaten Zwecken in den Niederlanden zu nutzen. Dies stellt eine Benachteiligung für Grenzgänger dar, da der Firmen PKW in diesem Fall ebenfalls in den Niederlanden besteuert wird, obwohl die Bereitstellung eines Firmenwagens zu den Lohnvorteilen gezählt werden kann, die der Arbeitgeber dem Arbeitnehmer gewährt (European Parliament 1997, 2012-07-16).

Diese existierenden Benachteiligungen der Grenzgänger im Vergleich zu Personen, die Tätigkeiten in ihrem Wohnsitzstaat ausüben und die mangelnde Koordinierung bei der Besteuerung der Grenzgänger zwischen den EU Staaten, wurden auch vom Gerichtshof der EU für Steuerfragen im Jahr 1993 bestätigt.

Eine Empfehlung der Europäischen Kommission an die Mitgliedstaaten, die sich daraufhin mit dieser Thematik befasst hat, wurde zum heutigen Zeitpunkt noch nicht von allen Staaten in vollem Umfang umgesetzt. „Die Kommission hat nach dem Scheitern ihres Vorschlags von 1979, der 1992 zurückgezogen wurde, der die Harmonisierung von Regelungen im Bereich der Einkommensteuer im Hinblick auf die Freizügigkeit der Arbeitnehmer in der Gemeinschaft betraf und mit dem die Besteuerung sämtlicher Grenzgänger im Wohnsitzstaat grundsätzlich eingeführt werden sollte, im Jahr 1993 eine Empfehlung an die Mitgliedstaaten betreffend die Besteuerung bestimmter Einkünfte, die von Nichtansässigen in einem anderen Mitgliedstaat als dem ihres Wohnsitzes erzielt werden, gerichtet, wodurch jenen Grenzgängern eine nichtdiskriminierende Besteuerung garantiert werden soll, die mindestens 75% ihres Gesamteinkommens in dem Staat erzielen, in dem sie arbeiten, sofern sie in diesem Staat besteuert werden." (European Parliament 1997, 2012-07-16).

12. Ein kurzer Exkurs ins deutsch-schweizerische Grenzgebiet

Im folgenden Abschnitt wird einen kurzer Exkurs ins deutsch-schweizerische Grenzgebiet unternommen. Hierdurch werden Unterschiede und Gemeinsamkeiten der deutschen Grenzgänger in der Euregio Maas–Rhein und dem schweizerischen Grenzgebiet aufgezeigt.

Wie obig beschrieben, sind die Bemühungen der Behörden der Länder im Untersuchungsgebiet der Euregio Maas-Rhein weit vorangeschritten, den Grenzübertritt für Grenzgänger zu erleichtern und Barrieren abzubauen. Dass auf diesem Gebiet in Zukunft noch weitere Anstrengungen von Nöten sind, wurde bereits in den vorigen Kapiteln dargelegt.

Doch wie ist die Sachlage und sind die Probleme anderer Grenzgänger in anderen deutschen Grenzgebieten? Exemplarisch wird in einem kurzen Abriß auf das deutsch–schweizerische Grenzgebiet und die deutschen Grenzgänger eingegangen, die in Deutschland ihren Wohnort haben und in die Schweiz täglich zur Arbeit fahren. Die Schweiz ist kein Schengenmitgliedsstaat. Dies bedeutet, dass physische Grenzkontrollen anders wie in der Euregio Maas-Rhein nachwievor durchgeführt werden. Für den deutschen Grenzgänger hat das vor allem einen erhöhten zeitlichen Aufwand zur Konsequenz.

Während sich die Grenzgänger in der Euregio Maas-Rhein frei und ohne Restriktionen über die Landesgrenzen hinweg bewegen können, unterliegen die deutschen Grenzgänger, die in die Schweiz einpendeln, mannigfaltigen Beschränkungen. Hat ein deutscher Arbeitnehmer in der Schweiz eine Anstellung gefunden, so muss er dies der zuständigen schweizerischen Behörde melden. „Zuständig sind je nach Kanton das Arbeitsamt (Kantone Basel-Stadt, Basselland, Aargau, St. Gallen) oder die Fremdenpolizei. Die Bewilligung wird höchstens für ein Jahr ausgestellt und muss dann verlängert werden." (MOHR, B. 1986, 23).

Eine exakte Definition eines Grenzgängers ist bei schweizerischen Behörden nicht existent. Jedoch müssen grundlegende Faktoren erfüllt sein, um als Deutscher in der Schweiz beruflich tätig zu werden. Diese Voraussetzungen werden nach dem Doppelbesteuerungsabkommen vom Jahr 1971 zwischen der Schweiz und Deutschland genau bestimmt. Hier ist explizit definiert, dass ein deutscher Grenzgänger nicht mehr als 30 Kilometer (Luftliniendistanz) von der deutsch–schweizerischen Grenze entfernt wohnen darf. Wohnt der deutsche Arbeitnehmer über diese Entfernung hinaus, wird ihm von den schweizerischen Behörden die Arbeitsaufnahme in der Schweiz untersagt (MOHR, B. 1986, 23).

Ebenso muss der deutsche Arbeitnehmer seinen ständigen Wohnsitz in Deutschland haben und täglich lediglich zum Arbeiten in die Schweiz fahren. Nach Beendigung des Arbeitstages ist es Voraussetzung, dass der deutsche Grenzgänger wieder zurück in seinen deutschen Wohnort fährt (MOHR, B. 1986, 23). „Dadurch will man verhindern, dass Grenzpendler in der Schweiz wohnhaft werden." (PAETZOLD, V. 1982, 6).

Deutsche Grenzgänger, die in den Niederlanden oder in Belgien arbeiten, werden in keiner offiziellen Statistik erfasst und sind nicht als solche zu identifizieren. „In keiner Grenzregion der Bundesrepublik gibt es seit dem Jahre 1972 aktuelle Informationen über Grenzpendler. Wie bereits erwähnt, stellten die Arbeitsämter damals die Erfassung der Grenzgänger ein." (MOHR, B. 1986, 24). Der Grund hierfür ist in der Umsetzung eines restriktiveren Datenschutzes in Deutschland zu finden (MOHR, B. 1986, 24).

Anders verhält sich die Erfassung der Grenzgänger in der Schweiz. Deutsche Staatsbürger sind als Arbeitnehmer in der Schweiz bei den zuständigen Behörden meldepflichtig und sind demnach in einer Grenzgängerkartei vermerkt. Hierdurch ist es möglich, jedem deutschen Arbeitnehmer Daten, wie Wohnort, Beruf und Einkommen zuzuordnen (MOHR, B. 1986, 25).

Die Arbeitslosenquote der deutschen grenznahen Stadt Konstanz (Stand 31.01.2012) liegt mit 4,4 % (Bundesagentur für Arbeit 2012, 2012-06-04, a) im deutschlandweiten Vergleich mit 6,8 % auf einem niedrigen Niveau (Bundesagentur für Arbeit 2012, 2012-06-04, b). Es ist folglich davon auszugehen, dass der deutsche Arbeitsmarkt in den deutsch–schweizerischen Grenzregionen vom schweizerischen Arbeitsmarkt eine Belebung erfährt. „Die Zentren der schweizerischen Chemieindustrie wuchsen am Rhein empor: von Basel über Schweizerhalle bis zum neuen Chemieschwerpunkt im aargauischen Bezirk Laufenburg. Das nördliche Hochrheingebiet stellt dagegen, aus deutschem Blickwinkel betrachtet, einen eher ab-gelegenen und schwer zugänglichen Peripherraum mit Strukturschwächen, verbesserungs-bedürftiger Infrastruktur und einer im Vergleich zur Schweizer Seite weniger günstigen Kapitalversorgung der Unternehmen dar." (MOHR, B. 1982, 32). Nicht zu verkennen ist die Tatsache, dass die schweizerischen Industriebetriebe auf die Arbeitskraft der deutschen Grenzgänger angewiesen sind, da die Stellen nicht im ausreichenden Umfang von heimischen Arbeitnehmern besetzt werden können.

Abgesehen von den unterschiedlichen Problemen, seien sie administrativer, steuerlicher oder auch infrastruktureller Art, haben die beiden Grenzgängergruppen in der Euregio Maas–Rhein und dem deutsch-schweizerischen Grenzgebiet auch Gemeinsamkeiten. So kann festgestellt werden, dass die überwiegende Mehrzahl der Grenzgänger Fahrstrecken zu bewältigen hat, die in der Entfernung und vom zeitlichen Aufwand denen gleichzusetzen sind, die zwischen suburbanem Raum und der Kernstadt einer deutschen Stadtregion üblich sind.

13. Ausblick und Resümee

In diesem letzten Kapitel der Diplomarbeit „Wohnen und Arbeiten im Dreiländereck (Rhein-Maas-Region)-Grenzüberschreitende Mobilität" werden die wichtigsten gewonnen Erkenntnisse, welche bei der Erstellung sowie bei der Auswertung des Fragebogens dieser Arbeit gewonnen wurden, beschrieben. Im weiteren Verlauf dieses Kapitels wird ein Ausblick über die mögliche zukünftige Entwicklung des Grenzgängertumes im Untersuchungsgebiet gegeben.

Die in der Einleitung formulierte Zielsetzung die Personengruppe der Grenzgänger in der Euregio Maas–Rhein zu erfassen und deren Lebensumstände/ -situation näher zu beschreiben, ist u.a. durch die empirische Erhebung umgesetzt worden. Dabei stellte sich heraus, dass viele Faktoren das Grenzgängertum in der Euregio beeinflussen.

Die mannigfaltigen, grenzüberschreitenden Verflechtungen in der Euregio Maas-Rhein dokumentieren ihren offenkundigsten Ausdruck im zwischenstaatlichen Pendlerverkehr der Grenzgänger zwischen den Staaten Belgien, Deutschland und den Niederlanden. Die Region des Untersuchungsgebietes ist ein Funktionalraum, in dem die Beziehungen zwischen den drei Ländern seit Ende des zweiten Weltkrieges gewachsen sind und sich seitdem gefestigt haben. Zwar ist die Grenze als kleine Schwelle nachwievor existent, doch wird sie von den in diesem Gebiet lebenden Bewohnern nicht als trennend empfunden.

Gestützt werden die beschriebenen Ergebnisse durch eine empirische Erhebung in Form einer schriftlichen Befragung. Die erstellten Fragebögen richteten sich zum einen an Studenten, die in Deutschland ihren Wohnsitz haben. Bei dieser Personengruppe sollte die Befragung Erkenntnisse darüber liefern, weshalb zahlreiche Studenten in Deutschland wohnen, jedoch in den Niederlanden studieren.

Zum anderen wurde ein Fragebogen für Arbeitnehmer erstellt, welche in den Niederlanden oder Belgien wohnen und täglich über die Grenze nach Deutschland zum Arbeiten pendeln. Bei dieser Personengruppe lag die Intention bei der Erstellung des Fragebogens und Durchführung der Erhebung darin, aus welchem Grund zahlreiche deutsche Bürger nachwievor in ihrem Heimatland einer Arbeit nachgehen, ihren Wohnort aber ins nahe Ausland verlegt haben.

Nicht nur die Motivation der Probanden bezüglich des Grenzpendelns konnte durch die Beantwortung des Fragebogens dokumentiert werden. Es konnten auch Rückschlüsse auf die persönlichen Lebensumstände geschlossen werden.

Welche Erkenntnisse haben sich durch die Beantwortung und Auswertung der beiden Fragebögen für die Studenten und die Angestellten ergeben? Eine wichtige Erkenntnis ist, dass die meisten Angestellten, die in den Jahren 1980 bis 1990 von Deutschland in die Niederlande und nach Belgien verzogen zwischen 25 und 30 Jahre alt waren und über ein Haushaltseinkommen von 1.500 bis 3.000 Euro netto verfügten.

Beide Personengruppen profitieren durch die Öffnung der Binnengrenzen und dem Wegfall der physischen Grenzkontrollen im Aachener „Dreiländereck" mit Anwendung des Schengener Abkommens im Jahr 1996. „Ziel war die Verwirklichung eines europäischen Binnenmarktes mit spürbaren Vorteilen für die Verbraucher, wie niedrigere Preise, eine bessere Qualität und eine höhere Produktvielfalt." (Arbeitsgemeinschaft HP Projektpromotie bv, Coman Raadgevende Ingeniuers bv und Landesentwicklungsgesellschaft NRW & BREUER, H. 1994, 7). Hierdurch ist ein Grenzübertritt für alle Bürger der Europäischen Union beziehungsweise der Schengenmitgliedstaaten unkompliziert geworden und zeitlich ohne Hindernisse möglich.

Eine Gemeinsamkeit zwischen den beiden befragten Personengruppen liegt in der Wahl des täglich genutzten Verkehrsmittels. 100 % der 60 befragten Studenten nutzen den PKW zum Erreichen des Studienortes, obwohl eine direkte ÖPNV Verbindung zwischen ihrem Wohn- und Studienort besteht. Dieses Bild spiegelt sich ebenfalls bei den gegebenen Antworten bei der Gruppe der Angestellten wider. Lediglich zwei der 63 Probanden nutzen nicht den PKW zum täglichen Erreichen der Arbeitsstätte. Durch dieses eindeutige Ergebnis lassen sich fundierte Rückschlüsse auf die bestehende Infrastruktur des ÖPNV ziehen. Um zukünftigen Anforderungen gerecht zu werden, müssen im Bereich des ÖPNV und des SPNV weitere Anstrengungen unternommen werden. So könnten beispielsweise durch die Steigerungen der

Pünktlichkeit und des Komforts neue Fahrgäste gewonnen werden und so Straßen und Autobahnen eine Entlastung erfahren.

In den letzten Jahren wurde im Untersuchungsgebiet in der Region des „Dreiländerecks" ein grenzüberschreitender ÖPNV und SPNV installiert. Auch sind peripherere Gemeinden, wie Alsdorf und Langerwehe durch die Euregiobahn (SPNV) nun schneller und direkter zu erreichen. Es wird durch die gegebenen Antworten deutlich, dass die Attraktivität des ÖPNV weiter gesteigert und grenzüberschreitende Projekte stärker in die Wahrnehmung der Verantwortlichen in Politik und Verwaltung gerückt werden müssen.

Ein Unterschied liegt bei den sozialen Kontakten der beiden Gruppen. Während immerhin ca. 20 % der Berufstätigen den sozialen Kontakt mit ihren Nachbarn in Belgien und den Niederlanden pflegen, geben die Studenten bei der Befragung an, sich lediglich auf ihren Freundeskreis in Deutschland zu konzentrieren. Diese Aussage wird im Antwortbogen der Studenten durch die Frage 14 bestätigt. 59 der 60 befragten Studenten sehen ihre erste Arbeitsstelle nach Abschluss ihres Studiums in den Niederlanden in Deutschland. Dies zeugt von einer mangelnden Identifikation mit dem gewählten Studienort, da die befragten Studenten durch ihre erworbenen Qualifikationen zu einer Arbeitsaufnahme im europäischen Ausland befähigt wären. Um die Identifikation der ausländischen Studenten mit den niederländischen Studienorten zu festigen, wäre eine Möglichkeit, die Anstrengungen von öffentlicher Seite studentischen und bezahlbaren Wohnraum zu schaffen, weiter zu forcieren. Durch die Umsetzung dieser Maßnahme wäre den Studenten aus dem deutschen Grenzgebiet, hinsichtlich der angesprochenen monetären Gründe, auf eine Wohnung in den Niederlanden zu verzichten, dieses Argument genommen.

Bei einem Ausblick beziehungsweise einer Prognose für zukünftige Entwicklungen muss in Betracht gezogen werden, dass wenn sich, wie bei jeder Prognose eine Variable innerhalb des betrachteten Zeitraumes unvorhergesehen ändert, die Prognose an Aussagekraft und Genauigkeit verliert. So kann z.B. ein überproportionaler Anstieg der Benzinpreise oder die in der Politik diskutierte Einführung einer Autobahnmaut die Mobilität der Grenzgänger einschränken und deren täglich zurückgelegten Radius zwischen Wohnort und Arbeitsstätte unkalkulierbar verringern.

Eine weitere wichtige Variable, welche die Wohnortwahl beeinflusst, ist die Art der Besteuerung von Grundeigentum. Seitdem in den Niederlanden die Besteuerung von Grundstücken und Immobilien reformiert wurde, d.h., die Grundsteuer wird nun auf Grundlage von Verkehrswerten ermittelt, sind die fiskalen Abgaben der Eigentümer einer Liegenschaft erheblich gestiegen. Weiterhin ist die Entscheidung für die Niederlande als gewählten Wohnort durch den starken Anstieg der Fixkosten, wie beispielsweise des Strompreises zur Unterhaltung einer Immobilie negativ beeinflusst worden.

Nachwievor ist im Vergleich zu den Niederlanden das Gebiet der Deutschsprachigen Gemeinschaft in Belgien als Wohnort für zahlreiche deutsche Familien interessant und weiterhin attraktiv. Die niederländischen Gemeinden erleben jedoch seit dem Jahr 2002 einen stetigen Rückzug deutscher Familien in ihr Heimatland. Auch ziehen aus den beschriebenen Gründen Niederländer deutsches Grenzgebiet ihren Heimatorten vor. Dies ist ein Negativtrend für die Niederlande, der einhergehend mit dem vermehrten Rückzug deutscher Staatsbürger aus den Niederlanden zurück nach Deutschland zu beobachten ist.

Lässt man alle anderen Faktoren außer Acht, so wäre ein prognostizierter Anstieg der Grenzgängerzahlen in Zukunft realistisch. Negativ wird sich wie beschrieben die Erhöhung der Unterhaltskosten der Immobilien in den Niederlanden auf einen Anstieg des Grenzverkehrs auswirken. Dies rührt daher, dass die deutschen Staatsbürger zurück in ihr Heimatland ziehen und ein täglicher Grenzübertritt zwischen Wohn- und Arbeitsort entfällt. Dass die deutschen Grenzgänger, die täglich nach Deutschland aus dem nahen Ausland einreisen, in der Gesamtheit der Grenzgänger nicht zu vernachlässigen sind, wird dadurch deutlich, weil ca. 41% der Grenzgänger Deutsche sind (HEINING, J. & MÖLLER, S. 2009, 3).

Insgesamt ist trotz allem ein Anstieg des Grenzgängerstromes über die deutschen Grenzen in Zukunft zu erwarten, da sich die Arbeitsmärkte der Nachbarländer gegenseitig beleben. Diese These wird dadurch gestützt, dass sich der Grenzpendlerstrom zwischen den Jahren 2000 und 2005 von den Niederlanden nach Deutschland um 99,7% und der Strom der Grenzgänger aus Belgien nach Deutschland in diesem Zeitraum um 151,5% erhöht haben (HEINING, J. & MÖLLER, S. 2009, 4). Außerdem wird durch die Vergleichbarkeit der Studienabschlüsse von

Bachelor und Master der europäische Arbeitsmarkt belebt und steigert auf diese Weise den täglichen Grenzgängerstrom.

Eine tragende Rolle für einen weiteren Anstieg der täglich über die deutsch-niederländische und deutsch-belgische Grenzen pendelnden Personen spielen die geplanten und bereits existierenden grenzüberschreitenden Gewerbegebiete, wie z.B. das Gewerbegebiet Avantis.

Ein weiterer nicht zu verachtender Wirtschaftsfaktor bildet die RWTH-Aachen. Derzeit sind dort neben 480 Professoren 6.838 wissenschaftliche und nicht wissenschaftliche Angestellte beschäftigt (RWTH Aachen o. Datum, Rev. 2012-08-29; b). Durch die Lage der Universität in direkter Grenznähe zu Belgien und den Niederlanden ist diese Arbeitsstätte für Grenzgänger aus dem Ausland attraktiv.

Nach Fertigstellung des Campus Melaten und des Campus West mit weiteren ca. 10.000 Angestellten wird dieser Standort als „Anziehungspunkt" weiter zunehmen. Jedoch ist anzumerken, dass Arbeitsplätze an der RWTH-Aachen vor allem für Mitarbeiter mit einem höheren Bildungsabschluss vorbehalten bleiben.

Mit welchen Schwierigkeiten und Hindernissen haben es die Grenzgänger im deutsch-belgisch beziehungsweise deutsch-niederländischen Grenzgebiet aktuell zu tun?

Trotz des prognostizierten weiteren Anstiegs des Grenzgängerstromes, sehen sich die betroffenen Bürger mit mannigfaltigen Problemen und Hürden konfrontiert. „Es fehlt an der richtigen Information der Grenzgänger und an einer Zusammenarbeit zwischen den zuständigen staatlichen Behörden". (European Parliament 1997, 2012-07-16).

Diese benötigten Informationen sollen dem Bürger durch das EURES Netzwerk zur Verfügung gestellt werden. Aufgrund mangelnder öffentlicher Bekanntheit und Inanspruchnahme der betreffenden Bürger kommt dieses Netzwerk auf europäischer Ebene nur in geringem Maße zum Tragen.

Des Weiteren sind die Grenzgänger in der Europäischen Union in steuerlichen Angelegenheiten benachteiligt. „Sehr häufig ist dieses System mit einer höheren Besteuerung verbunden als bei Personen, die die gleichen Tätigkeiten in ihrem Wohnsitzstaat ausüben, und es sieht keine Steuervorteile vor, wie sie Ansässigen aufgrund ihres Familienstandes gewährt werden,…" (European Parliament 1997, 2012-07-16).

Auch sind Probleme bei Renten- und Pflegeversicherungsansprüchen weiter existent. „Abweichungen in den einzelstaatlichen Sozialversicherungsbestimmungen insbesondere bezüglich der Kriterien für die Gewährung von Leistungen (Invalidität, Renten usw.); Lücken im sachlichem Geltungsbereich der Verordnung 1408/71 (z.B. Pflegeversicherung), wobei bestimmte Leistungen nicht exportierbar sind (Vorruhestandsleistungen, Zusatzrenten)…" (European Parliament 1997, 2012-07-16).

Diese für die Grenzgänger akuten Probleme und Hindernisse sollten von Politik und Verwaltung zeitnah angegangen werden, um die Belebung eines grenzüberschreitenden Arbeitsmarktes weiter zu forcieren und zu fördern.

Es ist anzumerken, dass die innereuropäischen Grenzregionen nicht mehr wie in der Vergangenheit durch ihre Randlage benachteiligt sind, sondern durch das Zusammenwachsen der Grenzregionen eine Belebung der regionalen Wirtschaft erfährt.

Im Hinblick auf die in der Einleitung formulierten gesteckten Ziele, wurde die Gruppe der in der Öffentlichkeit kaum wahrgenommen Grenzgänger näher beleuchtet und die alltäglichen Problematiken und Hintergründe dieses Personenkreises dargestellt.

14. Literaturverzeichnis

Arbeitsgemeinschaft HP Projektpromotie bv, Coman Raadgevende Ingeniuers bv und Landesentwicklungsgesellschaft NRW GmbH & BREUER, H. (Hrsg.) (1994): Grenzüberschreitendes Gewerbegebiet Aachen-Heerlen, Entwicklungsstudie/Marktanalyse.- Aachen/Heerlen.

Der Gutachterausschuss für Grundstückswerte in der Städteregion Aachen (Hrsg.) (2011): Grundstücksmarktbericht 2011.-Aachen.

HEINING, J. & MÖLLER, S. (2009): Wer sind sie, woher sie kommen, wohin sie gehen- Grenzpendler in Deutschland.- In: Institut für Arbeitsmarkt- und Berufsforschung, 27: 1-8.

HEUKEMES, N. (Hrsg.) (2009): Entwicklungsstrategien und Handlungsfelder.- In: Regionales Entwicklungskonzept der Deutschsprachigen Gemeinschaft, Band I, S.10-15, Eupen; a.

HUG, T. & POSCHESCHNIK, G. (2010): Empirisch Forschen.- Wien.

MAYRING, P. (2002): Einführung in die Qualitative Sozialforschung.- Weinheim.

MOHR, B. (1986): Deutsche Grenzgänger in der Nordschweiz.- Freiburg im Breisgau.

PAETZOLD, V. (1982): Grenzgänger aus der Bundesrepublik Deutschland in der Schweiz.- In: Fachschriften der Handelskammer Deutschland-Schweiz, (o. Bd.): S.6.

14.1 Internetliteratur

Aachener Straßenbahn und Energieversorgungs-AG (Hrsg.) (2012): Fahrplan. http://www.aseag.de. Abrufdatum: 2012-06-04.

Aachener Verkehrsverbund GmbH, Rev. 2012-09-18.

Aachen Tourist Service e.V. (Hrsg.) (o. Datum): Zahlen, Daten, Fakten. http://www.aachen.de/de/tourismus_stadtinfo/pdf/statistik/zahlendatenfakten.pdf. Abrufdatum: 2012-06-04.

Aachener Verkehrsverbund (Hrsg.) (o. Datum): Die Euregio Maas-Rhein. http://www.avv.de/ressorts/euregio/die-euregio-maas-rhein/. Rev. 2011-10-05.

Arbeitsgemeinschaft Europäischer Grenzregionen (Hrsg.) (2003): Empfehlungen für grenzübergreifende Sicherheit und Zusammenarbeit an den zukünftigen Außengrenzen der EU unter Berücksichtigung des Schengen-Vertrages. http://www.aebr.eu/files/publications/ SicherheitundZusammenarbeit_de.pdf. Abrufdatum: 2012-08-02.

Avantis-European Science and Business Park (Hrsg.) (2011): About us. http://www.avantis.org/about-us/. Abrufdatum: 2012-08-02.

Bau- und Liegenschaftsbetrieb NRW (Hrsg.) (2008): RWTH Aachen Campus Melaten. http://www.blb.nrw.de/BLB_Hauptauftritt/Projekte/RWTH_Aachen_Campus.Abrufdatum: 2012-07-19.

Bundesagentur für Arbeit/ Agentur für Arbeit Konstanz- Ravensburg (Hrsg.) (2012): Arbeitsmarktbericht Januar 2012. http://www.arbeitsagentur.de/nn_168118/Dienststellen/RD-BW/Konstanz/AA/Internet-AA-Konstanz/Presse/Presseinformationen/2012/007-Arbeitsmarktbericht-Januar.html. Abrufdatum: 2012-06-04; a.

Bundesagentur für Arbeit (Hrsg.) (2012): Die Entwicklungen am Arbeitsmarkt im September 2012 in Kürze. http://statistik.arbeitsagentur.de/Navigation/Statistik/Statistik-nach-Themen/ Arbeitsmarkt-im-Ueberblick/Arbeitsmarkt-im-Ueberblick-Nav.html. Abrufdatum: 2012-07-03; b.

Bundesagenturagentur für Arbeit (Hrsg.) (2012): Arbeitsmarktreport der Agentur für Arbeit Aachen/Monat Juni 2012. http://www.arbeitsagentur.de/nn_9248/Dienststellen/RD-NRW/Aachen/AA/A01-Allgemein-Info/Presse/2012/pi-2012-048.html. Abrufdatum: 2012-09-15; c.

Bundesagentur für Arbeit – Zentrale Auslands- und Fachvermittlung (ZAV) (Hrsg.) (2012): Arbeiten in Belgien/Arbeitsmarkttrends.
http://www.ba-auslandsvermittlung.de/lang_de/nn_2744/DE/LaenderEU/Belgien/ Arbeiten/arbeiten-knoten.html__nnn=true. Abrufdatum: 2012-07-19; d.

Der Obere Gutachterausschuss für Grundstückswerte im Land NRW (Hrsg.) (2012): Bodenrichtwerte. http://www.boris.nrw.de/borisplus/portal/BRW.do. Abrufdatum: 2012-07-03.

Der Städteregionsrat (Hrsg.) (2012): Die StädteRegion.
httpp://www3c.web.de/mail/client/dereferrer?redirectUrl=http%3A%2F%2Fwww.staedteregion- aachen.de%2Fwps%2Fportal%2Finternet%2Fhome%2Fstaedteregion%2F%21ut %2Fp%2Fc5%2F04_SB8K8xLLM9MSSzPy8xBz9CP0os_gADxNHQ09_A0sLYzdHA08LC 7cA70BTI2ddv_1wkA6cKkwMTCDyBjiAo4F-cEqqvp9Hfm6qfkF2dpqjo6IiANFR2pM% 21%2Fdl3%2Fd3%2FL2dBISEvZ0FBIS9nQSEh%2F&selection=page1. Abrufdatum: 2012-06-04.

Die Deutsche Bahn (Hrsg.) (2012): Reiseauskunft-Fahrplan. www.db.de. Abrufdatum: 2012-10-02.

Die Senatorin der Freie Hansestadt Bremen (Hrsg.) (2009): Grundsteuer auf der Basis von Verkehrswerten-Machbarkeitsstudie.
http://www.finanzen.bremen.de/sixcms/media.php/13/Machbarkeitsstudie_lang__22.pdf. Abrufdatum: 2012-09-15.

DISTELKAMP, L. (2008): Mehr Steuern und Kaufkraft. http://www.rp-online.de/niederrhein-nord/kleve/nachrichten/mehr-steuern-und-kaufkraft-1.993313. Rev. 2008-07-25; a.

DISTELKAMP, L. (2008): Niederländer entdecken Kalkar.http://www.rp-online.de/niederrhein-nord/kleve/nachrichten/niederlaender-entdecken-kalkar-1.993314. Rev. 2008-07.25; b.

ESSER, R. (2010): Aachens längster Stau kostet mehr als Geld.- Aachener Zeitung. http://www.aachener-zeitung.de/artikel/1263610. Abrufdatum: 2012-06-23.

Europäische Kommission (Hrsg.) (2012): Arbeitsmarktinformationen/Niederlande-Zuid-Nederland/Kurzer Überblick über den Arbeitsmarkt.
http://ec.europa.eu/eures/main.jsp?lang=de&acro=lmi&catId=7442&countryId=NL&regionId
=NL4&langChanged=true. Rev. 2012-04; a.

Europäische Kommission (Hrsg.) (2012): Steuern und Zollunion/Grenzgänger.
http://ec.europa.eu/taxation_customs/taxation/personal_tax/crossborder_workers/index_de.ht.
Rev. 2012-07-25; b.

Europäische Kommission (Hrsg.) (2012): Steuern und Zollunion- Grenzgänger.
http://ec.europa.eu/taxation_customs/taxation/personal_tax/crossborder_workers/index_de.
htm. Rev. 2012-07-25; a.

Europäische Kommission (Hrsg.) (o. Datum): EURES- Das europäische Portal zur beruflichen Mobilität. http://ec.europa.eu/eures/main.jsp?catId=27&acro=eures&lang=de. Rev. 2012-08-10; b.

European Parliament (Hrsg.) (1997): Die Grenzgänger in der Europäischen Union, Generaldirektion Wissenschaft Arbeitsdokument, Reihe Soziale Angelegenheiten.
http://www.europarl.europa.eu/workingpapers/soci/w16/summary_de.htm. Abrufdatum: 2012-07-16.

HEUKEMES, N. (Hrsg.) (2010): Grenzregion Geschichte.
http://www.dg.be/desktopdefault.aspx/tabid-2809/5353_read-34682/. Abrufdatum: 2012-08-14; b.

HEUKEMES, N. (Hrsg.) (2010): Wirtschaftsregion/ Grenzgänger.
http://www.dg.be/desktopdefault.aspx/tabid-2812/5359_read-34687/. Abrufdatum: 2012-08-14;c.

HEUKEMES, N. (Hrsg.) (2012): Immobilienmarktpreise in Belgien, nach Region, Provinz, Bezirk und Gemeinden 1985-2011. http://www.dgstat.be/desktopdefault.aspx/tabid-3443/categories-1562. Abrufdatum: 2012-08-14; d.

JENNING, S. (2012): Ericsson, die RWTH Aachen und Rovi MainConcept verbessern Videokonferenzen. http://www.rwth-aachen.de/cms/root/Die_RWTH/Aktuell/Pressemitteilungen/~vze/Ericss/. Rev. 2012-01-03.

KURKOWIAK, B. (2012): Major dispersion in consumer prices across Europe. http://epp.eurostat.ec.europa.eu/portal/page/portal/purchasing_power_parities/data/database. Abrufdatum: 2012-08-02.

Liège Expo 2017 (Hrsg.) (o. Datum): Die Geschichte Lüttichs/ Lüttich eine lebendige Stadt. www.Liège-expo2017.com/de/Luettich/die-geschichte-luettichs.html. Abrufdatum: 2012-09-10.

Regio Aachen e.V. (o. Datum): Die Regio Aachen in der Euregio Rhein-Maas. http://www.regioaachen.de/. Abrufdatum: 2012-07-03.

RWTH Aachen (Hrsg.) (o. Datum): Forschung. http://www.eonerc.rwth-aachen.de/aw/cms/website/themen/home/~uxw/Forschung_ERC/?lang=de. Rev. 2011-09-07; a

RWTH Aachen (Hrsg.) (o. Datum): Daten & Fakten. https://www.rwth-aachen.de/go/id/enw. Rev. 2012-08-29; b

Stichting Euregio Maas-Rhein (Hrsg.) (o. Datum): Allgemeines-Bevölkerung. http://www.euregio-mr.com/de/euregiomr/allgemeines/bevoelkerung. Abrufdatum: 2012-07-03; a.

Stichting Euregio Maas-Rhein (Hrsg.) (o. Datum): Geschichte. http://www.euregio-mr.com/de/euregiomr/allgemeines/geschichte. Abrufdatum: 2012-07-03; b.

Stichting Euregio Maa-Rhein (Hrsg.) (o. Datum): Organisation/ Der Euregiorat. http://www.euregio-mr.com/de/euregiomr/organisation/euregiorat. Abrufdatum: 2012-07-03; c.

Universität Liége (Hrsg.) (2012): Mobility and transport in Belgium. http://ulg.ac.be/cms/c_990535/mobility-and-transport-in-belgium. Rev. 2012-08-01; b.

VERHEYEN, S. (o. Datum): Die Euregio Maas-Rhein- Eine Modellregion im Herzen Europas. http://www.sabine-verheyen.de/go/region-details/6-die-euregio-maas-rhein-eine-modellregion-im-herzen-europas.html. Abrufdatum: 2012-07-03.

VERMEER, A. (2005): Religion und Kirche in den Niederlanden. http://www.uni-muenster.de/NiederlandeNet/nl-wissen/kultur/vertiefung/religion/geschichte.html. Abrufdatum: 2012-06-12.

WINTER, S. (o. Datum): Quantitative vs. Qualitative Methoden. http://imihome.imi.uni-karlsruhe.de/nquantitative_vs_qualitative_methoden_b.html. Rev. 2005-05-15.

14. 2 Abbildungsverzeichnis

Abb. 1:

Aachener Verkehrsverbund (Hrsg.) (o. Datum): Die Euregio Maas-Rhein- Land ohne Grenzen. http://www.avv.de/ressorts/euregio/die-euregio-maas-rhein/. Rev. 2011-10-05.

Abb. 2:

Aachen Tourist Service e.v. (Hrsg.) (o. Datum): Zahlen, Daten, Fakten. http://www.aachen.de/de/tourismus_stadtinfo/pdf/statistik/zahlendatenfakten.pdf. Abrufdatum: 2012-06-04.

Abb. 3:

Institut für Arbeitsmarkt- und Berufsforschung (Hrsg.) (2009): Zielregionen von Grenzpendlern aus den Nachbarländern insgesamt in Deutschland 2005.- Nürnberg.

Abb. 4:

HEINING, J. & MÖLLER, S. (2009): Wer sind sie, woher sie kommen, wohin sie gehen- Grenzpendler in Deutschland.- In: Institut für Arbeitsmarkt- und Berufsforschung, 27: 2009

Abb. 5:

competitionline Verlags GmbH (Hrsg.) (2007): Bebauungsplan für ein Campusareal im Erweiterungsgebiet Melaten der RWTH Aachen.
http://www.competitionline.com/de/wettbewerbe/8223. Rev. 2010-08-31.

Abb. 6:

HEUKEMES, N. (Hrsg.) (2012): Immobilienpreise in Belgien, nach Region, Provinz, Bezirk und Gemeinden 1985-2011. http://www.dgstat.be/desktopdefault.aspx/tabid-3443/categories-1562. Abrufdatum 2012-08-14.

14.3 Anhang

Fragebogen für die Studenten:

Quantitativer Fragebogen im Rahmen einer Diplomarbeit im Fach Diplom-Geographie der Universität zu Köln von Andreas Hermanns

Fragebogennummer __ __ __ __ (bitte nicht ausfüllen)

Land: _____ männlich ☐ weiblich ☐

Datum: __.__.09   Uhrzeit: _____ Uhr

---

1) An welcher Universität studieren Sie? (Ort/Universität) _____

2) Welches Studienfach studieren Sie? _____

3) Wohnen Sie in Deutschland, ☐ Niederlanden ☐ oder Belgien ☐ ?

4) In welcher Stadt/Stadtteil wohnen Sie? _____

5) Wohnen Sie in einer Eigentumswohnung, ☐ Mietwohnung ☐ oder bei den Eltern ☐ ?

6) Wie viele Personen leben in Ihrem Haushalt? _____

7) Wie viele km (eine Strecke) pendeln Sie täglich zur Uni? _____ km

8) Wie oft pendeln Sie wöchentlich zur Universität? _____

9) Wie pendeln Sie täglich zur Universität?

   ☐ Individual (motorisiert)   ☐ Individual (Fahrrad, zu Fuß)

   ☐ ÖPNV

10) Weshalb haben Sie sich entschieden im Ausland zu studieren?

11) Wird Ihr Studienfach auch im nähren Umkreis (100km) auch in Deutschland angeboten? Ja ☐   Nein ☐

12) Gehen Sie einer Nebenbeschäftigung nach? Ja ☐   Nein ☐

13) In welchem Jahr sind Sie geboren? 19 _ _

14) In welchem Land sehen Sie nach Studienabschluss Ihre erste Arbeitsstelle?

☐ Deutschland ☐ Niederlande ☐ Belgien ☐ anderes

15) Nehmen Sie die Grenze als Hindernis wahr? ☐ Ja ☐ Nein

16) In welchem Land haben Sie primär Ihre sozialen Kontakte?

☐ Deutschland ☐ Niederlande ☐ Belgien ☐ anderes

17) Anmerkungen und Sonstiges:

_____
_____
_____

Ich bedanke mich für Ihre Mitarbeit!!!

Bitte schicken Sie die Rückantworten an die unten angegebene Email-Adresse.

Fragebogen für die Angestellten:

Quantitativer Fragebogen im Rahmen einer Diplomarbeit im Fach Diplom-Geographie der Universität zu Köln von Andreas Hermanns
Fragebogennummer __ __ __ __   Land: _____   männlich ☐   weiblich ☐
Datum: __.__.09   Uhrzeit: _____ Uhr

1) Seit wann wohnen Sie in den Niederlanden/Belgien? _____ (Jahr) Haus _____

2) Sind Sie   ☐ Eigentümer oder   ☐ Mieter?

3) Wie viele Personen wohnen in Ihrem Haushalt? _____ davon unter 18 Jahre _____

4) Wohnen Sie in einem Einfamilienhaus   ☐ oder Mehrfamilienhaus   ☐ ?

5) Welche Gründe haben für einen Umzug in die Niederlande/Belgien bestanden?
    ☐ Privat   ☐ Beruflich   ☐ Lebensgefühl
    ☐ Steuerliche Vorteile   ☐ Andere Gründe

6) Wie haben Sie sich über Immobilienangebote informiert?
    ☐ Anzeigen   ☐ Internet   ☐ Makler   ☐ Privat

7) In welchem Land arbeiten Sie?   ☐ Deutschland   ☐ Niederlande   ☐ Belgien

8) Wie pendeln Sie täglich zur Arbeit?

    ☐ Individual (motorisiert)   ☐ Individual (Fahrrad, zu Fuß)
    ☐ ÖPNV

9) Wie viele Kilometer pendeln Sie ca. täglich (eine Strecke)? _____ km

10) In welchem Land haben Sie primär Ihre sozialen Kontakte/engerer Bekanntenkreis?

    ☐ Deutschland   ☐ Niederlande   ☐ Belgien

11) Wie oft fahren Sie in Ihrer Freizeit zum Einkaufen nach Deutschland?

☐ täglich ☐ wöchentlich ☐ monatlich
☐ selten ☐ nie ☐ k.A.

12) Kennen Sie das EURES – Netzwerk der Europäischen Kommission?
☐ Ja ☐ Nein

13) Haben Sie das Eures – Netzwerk genutzt? Ja ☐ Nein ☐

14) Haben Sie engeren Kontakt zu Ihrer Nachbarschaft? Ja ☐ Nein ☐

15) In welchem Jahr sind Sie geboren? 19 _ _

16) In welcher Gruppe liegt Ihr monatliches Haushaltseinkommen?

☐ Unter 500€ ☐ 500 – 1.500€ ☐ 1.500 – 3.000€
☐ 3.000 – 4.500€ ☐ über 4.500€ ☐ k.A.

17) Welcher ist Ihr höchster formaler Bildungsabschluss?

☐ Kein Abschluss ☐ Hauptschulabschluss ☐ Realschulabschluss
☐ Fachabitur/Abitur ☐ Hochschulabschluss ☐ _____

Anmerkung und sonstige Kommentare:

_____